碳普惠行动

全方位规划与实战指南

张燕龙　马文婷
杨向民　容　莉　主编

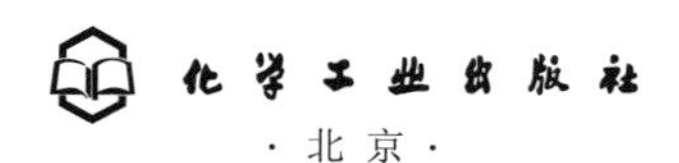

·北京·

内容简介

《碳普惠行动：全方位规划与实战指南》一书，旨在为应对全球气候变化提供创新思路与实践路径。本书系统性地介绍了碳普惠机制的理论基础、政策支持、标准制定及未来规划，同时结合丰富的实践案例，展示了碳普惠在推动个人、小微企业及社区减排方面的巨大潜力。

本书共分3篇，第1篇理论篇，主要包括碳普惠基础知识、碳普惠政策支持、碳普惠标准制定、碳普惠发展问题与对策、碳普惠长远规划；第2篇实践篇，包括碳普惠操作模式、碳普惠实施路径、碳普惠应用场景；第3篇案例篇，包含5个经典案例。

本书适合政府决策者、企业管理人员、环保组织工作者、科研人员及广大公众阅读。政府可从中获取政策制定与优化的灵感，企业能学习如何融入碳普惠体系以提升竞争力，环保组织能发现新的动员策略，科研人员可深化相关领域研究，公众则能通过了解碳普惠的具体操作与应用场景，积极参与到减排行动中来。希望通过本书，各界读者能够携手并进，共同为实现碳中和目标贡献力量。

图书在版编目（CIP）数据

碳普惠行动 ： 全方位规划与实战指南 / 张燕龙等主编. -- 北京 ： 化学工业出版社， 2025. 4. -- ISBN 978-7-122-47344-8

Ⅰ. X511-62

中国国家版本馆CIP数据核字第2025CL0761号

责任编辑：陈　蕾
责任校对：宋　夏
装帧设计：溢思视觉设计 E-mail: isstudio@126.com /程超

出版发行：化学工业出版社（北京市东城区青年湖南街13号　邮政编码100011）
印　　装：三河市双峰印刷装订有限公司
787mm×1092mm　1/16　印张$12^1/_2$　字数244千字　　2025年5月北京第1版第1次印刷

购书咨询：010-64518888　　售后服务：010-64518899
网　　址：http://www.cip.com.cn
凡购买本书，如有缺损质量问题，本社销售中心负责调换。

定　　价：58.00元

顾问委员会

支持单位

随着全球气候的极端变化，碳中和与碳减排已成为全球范围内的热门议题。国际组织以及各国政府、企业纷纷提出碳中和目标与计划，以应对气候变化的挑战。在这一背景下，碳普惠项目应运而生，旨在引导人们采取更环保和低碳的生产与生活方式。

碳普惠项目的提出，是人们对碳中和与碳减排的迫切需求。传统观点认为，碳减排应主要聚焦生产，如改善工业生产和能源消耗等。然而，随着研究的深入，人们逐渐认识到个人生活消费端产生的碳排放量同样不可小觑。因此，推动消费端的碳减排，对于实现碳中和目标具有重要的意义。

碳普惠机制是一种创新性的自愿减排机制，它巧妙运用“互联网 + 大数据 + 碳金融”的方式，构建一套公民碳减排“可记录、可衡量、有收益、被认同”的体系，对小微企业、社区家庭和个人的节能减碳行为进行量化并赋予一定价值。这种机制不仅能够调动社会各界力量参与全民减排行动，还能够通过消费端带动生产端促进低碳发展。

近年来，国内外在碳普惠领域进行了广泛的探索与实践，例如，广东省率先开展碳普惠制试点工作，北京市依托出行服务平台推出绿色出行碳普惠激励模式等。这些活动不仅为碳普惠机制的完善提供了宝贵经验，也为本书的编写提供了重要参考。

基于此，我们编写了《碳普惠行动：全方位规划与实战指南》一书。本书分为 3 篇，第 1 篇理论篇，主要包括碳普惠基础知识、碳普惠政策支持、碳普惠标准制定、碳普惠发展问题与对策、碳普惠长远规划；第 2 篇实践篇，包括碳普惠操作模式、碳普惠实施路径、碳普惠应用场景；第 3 篇案例篇，包含 5 个经典案例。

本书可供政府、企业、环保组织、科研人员以及公众等多层面读者参考学习。通过阅读本书，读者可以更好地理解碳普惠的运作机制和实践方法，为应对气候变化的挑战贡献力量。

本书系国家自然科学基金青年项目“偏好异质性视角下碳普惠公众参与行为机理研究”（72404068）的研究成果之一。

编者

第1篇　理论篇

第2篇 实践篇

第3篇　案例篇

第1篇

理论篇

第1章

碳普惠基础知识

1.1 碳普惠的定义与背景

碳普惠是以生活消费为场景，为公众、中小微企业绿色减碳行为赋值的激励机制，旨在鼓励更多人参与碳减排活动，通过市场化手段，将碳减排行为转化为经济价值。在这种机制下，公众及中小微企业低碳行为形成的减排量，不仅能够抵消自身碳排放，还能参与碳交易或转化为其他更为多元的激励。

1.1.1 起源与背景

面对全球气候变化的严峻形势，减少碳排放已成为国际社会普遍认可的应对策略。然而，在以往的碳减排实践中，主要关注的是生产端，而对消费端的碳排放则相对忽视。实际上，随着经济的发展和居民生活水平的提高，消费端的碳排放量也在快速增长，如果不采取有效措施进行管控，将极大抵消生产端的减排成效。因此，对消费端碳排放进行有效管理，成为碳减排工作的重要发展方向。

1.1.2 提出与发展

1.1.2.1 首次提出

碳普惠机制这一概念最早由广东省发改委提出。在2015年，《广东省碳普惠制试点工作实施方案》中明确提出了“碳普惠制”的概念，要求对小微企业、社区家庭和个人的节能减碳行为进行具体量化并赋予价值，建立以商业激励、政策鼓励和核证减排量交易相结合的正向引导机制。

1.1.2.2 发展实践

在广东省的推动下，碳普惠机制逐渐在全国范围内得到推广和实践。各地纷纷结合自身实际情况，探索具有地方特色的碳普惠机制。

比如，深圳市推出了碳普惠应用，居民可以通过积累的减排量兑换公益权益、参与公益活动；上海市也创新建立了碳普惠机制，引导全民实现绿色低碳的生活方式。

1.2 碳普惠的核心逻辑

碳普惠作为一种绿色低碳发展的创新机制，是消费端减少碳排放量的重要方式。碳普惠的核心逻辑如图 1-1 所示。

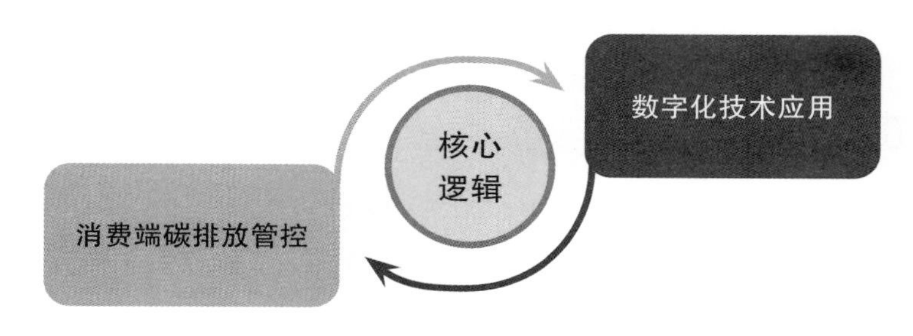

图 1-1 碳普惠的核心逻辑

1.2.1 消费端碳排放管控

碳普惠机制的核心在于对消费端碳排放进行有效管控，通过市场化机制和经济手段，对社会公众的低碳行为进行奖励，从而激发全社会参与节能减碳活动的积极性。这种机制不仅有助于减少消费端的碳排放，还能推动绿色低碳生活方式的形成，从而为应对全球气候变化贡献力量。

具体来说，碳普惠机制针对公众在日常生活中采取的低碳行为，如乘坐公共交通、使用节能家电、减少食物浪费等，进行量化、记录和核证，然后将这些低碳行为转化为碳积分，公众可以在碳普惠平台上进行兑换，获得实质性的奖励，如优惠券、礼品卡、现金等。这种奖励机制能够激励公众参与节能减碳活动，从而推动绿色低碳生活方式的发展。

1.2.2 数字化技术应用

数字化技术在碳普惠机制中发挥着至关重要的作用。利用互联网、大数据、区块链等数字技术，可以对公众、社区、中小微企业的绿色低碳行为进行量化、记录、核证，并计算个人减排量，形成碳账本。这种数字化技术的应用使碳普惠机制的实施更加精准、高效，具体如图 1-2 所示。

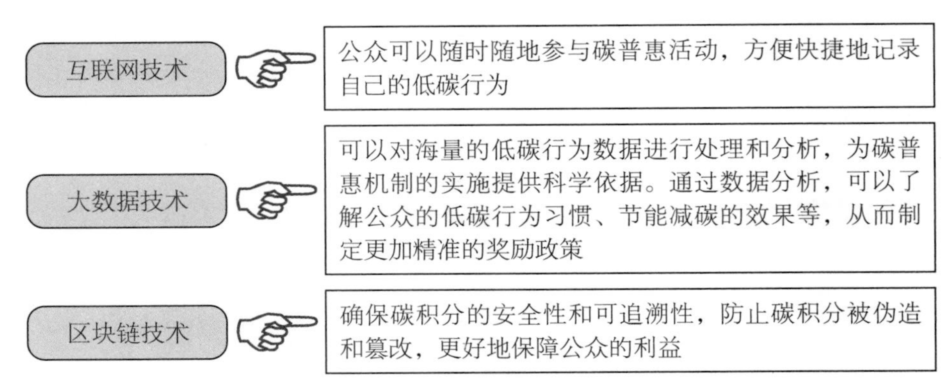

图 1-2　数字化技术的应用对碳普惠机制的作用

1.2.3　正向激励机制

碳普惠机制以正向激励为导向，通过物质激励、政策鼓励、市场化激励、社会认可激励等方式，对节能减碳行为进行奖励。这种机制有助于激发公众的参与热情，形成人人参与、人人受益的良好氛围，具体如图 1-3 所示。

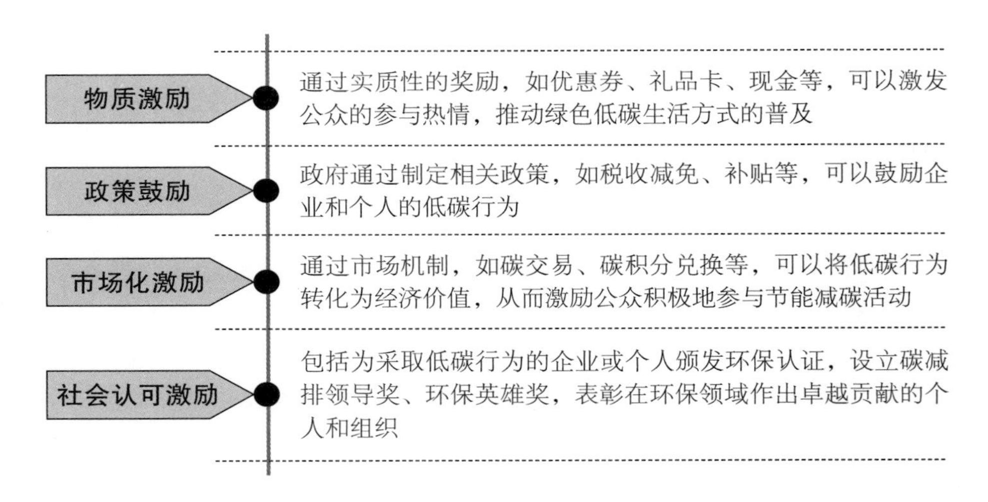

图 1-3　正向激励的方式

1.3　碳普惠的价值

碳普惠机制作为一种创新的碳减排和环保激励机制，具有多方面的价值，不仅体现在环境保护和碳减排方面，还涉及社会、经济、文化等多个层面，具体如图 1-4 所示。

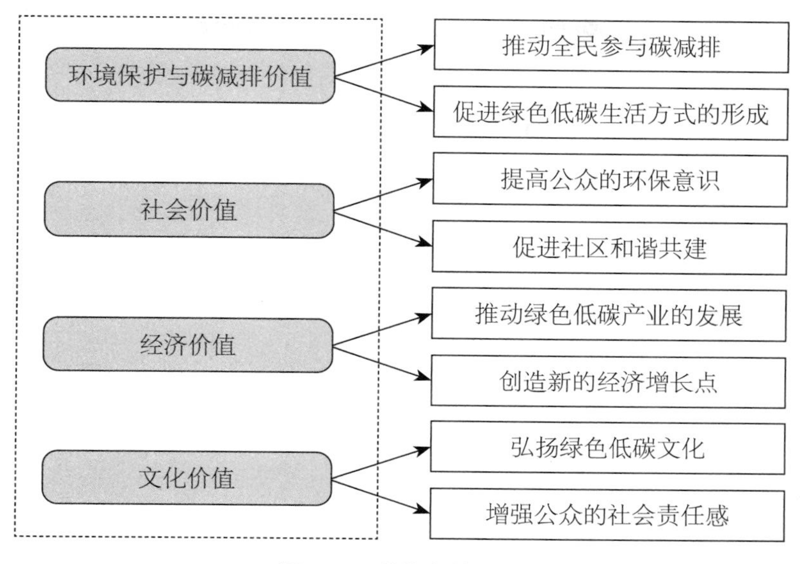

图 1-4　碳普惠的价值

1.3.1　环境保护与碳减排价值

（1）推动全民参与碳减排。碳普惠机制通过奖励政策，鼓励公众在日常生活中采取低碳行为，如乘坐公共交通、减少私家车使用、使用节能家电等，从而有效减少碳排放。这种全民参与的碳减排方式，能够形成强大的社会合力，推动碳减排目标的实现。

（2）促进绿色低碳生活方式的形成。碳普惠机制通过量化、记录、核证公众的低碳行为，并将其转化为碳积分，让公众能够直观感受到自己的节能减碳成果。这种正向反馈机制有助于培养公众的环保意识和绿色低碳生活意识，推动社会整体向低碳、环保、可持续方向发展。

1.3.2　社会价值

（1）提高公众的环保意识。碳普惠机制通过奖励政策，让公众在参与节能减碳的过程中获得实质性的利益，从而增强公众的环保意识和责任感，推动全社会形成浓厚的环保氛围，促进环保事业持续发展。

（2）促进社区和谐共建。碳普惠机制可以鼓励社区居民共同参与节能减碳活动，在社区内达成环保共识，从而增强社区凝聚力和居民之间的互助精神，促进社区和谐与稳定发展。

1.3.3　经济价值

（1）推动绿色低碳产业的发展。碳普惠机制通过市场化模式，将绿色低碳行为与商业激励相结合，吸引更多的社会资本投入绿色低碳领域，促进绿色低碳技术的研发和应用，推动绿色低碳产业的持续发展。

（2）创造新的经济增长点。碳普惠机制的实施可以带动相关产业的发展，如碳积分交易平台、碳减排技术服务等，不仅能增加就业机会，还能为经济增长提供新的动力。

1.3.4 文化价值

（1）弘扬绿色低碳文化。碳普惠机制通过奖励政策，鼓励公众形成绿色低碳的生活方式，促进绿色低碳文化的传播和弘扬，推动社会文化的不断发展。

（2）增强公众的社会责任感。碳普惠机制通过量化、记录、核证公众的低碳行为，让公众能够直观感受到自己的节能减碳行为对社会的贡献，从而增强公众的社会责任感，推动社会向更加文明、和谐的方向发展。

1.4 碳普惠与“双碳”目标的关系

碳中和与碳达峰是应对气候变化的总体目标，而碳普惠则是应对气候变化的重要环节。三者之间紧密相连，共同促进绿色低碳事业的发展。具体来说，碳普惠与“双碳”目标的关系如图 1–5 所示。

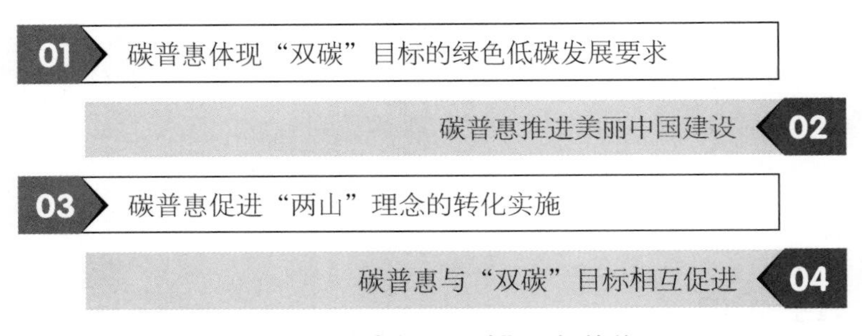

图 1–5 碳普惠与“双碳”目标的关系

1.4.1 碳普惠体现“双碳”目标的绿色低碳发展要求

碳普惠是人与自然和谐共生的重要内容，这也恰恰体现了“双碳”目标中对绿色低碳发展的核心要求。通过碳普惠机制，可以充分调动全民节能降碳的积极性，形成绿色低碳循环的生产生活方式，这样不仅有助于减少碳排放，还能促进资源节约和循环利用，推动经济社会可持续发展。

1.4.2 碳普惠推进美丽中国建设

美丽中国建设是我国政府提出的一项重大战略任务，旨在将中国打造成天蓝、地绿、水清的美好家园。碳普惠机制利用移动互联网、大数据等先进技术，对全民的各种绿色低碳行为进行量化，并通过商业奖励、政策激励等手段，促进消费端的减排行为，这样不仅有助于推动绿色低碳产品的生产和销售，还能引导公众更加关注生态环境保护，从而推动美丽中国建设的深入实施。

1.4.3　碳普惠促进“两山”理念的转化实施

“两山”理念即“绿水青山就是金山银山”，强调生态环境保护与经济发展和谐共生。通过碳普惠机制，可以量化生态产品的价值，进一步激发市场活力，促进生态产业可持续发展，从而实现生态环境保护和经济发展的双赢，推动绿色低碳产业快速发展。

1.4.4　碳普惠与“双碳”目标相互促进

碳普惠与“双碳”目标之间存在着相互促进的关系。一方面，碳普惠机制的实施有助于推动全社会节能降碳和绿色低碳的发展，为实现“双碳”目标提供有力支撑。另一方面，“双碳”目标的提出也为碳普惠机制的发展提供了广阔的空间和机遇。

随着“双碳”目标的深入推广，碳普惠机制将在更广泛的领域和更深的层次上发挥作用，从而推动社会发展的绿色转型。

相关链接

什么是“双碳”目标

1. 什么是“双碳”

双碳，即碳达峰与碳中和的简称。

碳达峰是指全球、国家、城市、企业等主体的碳排放由升转降的过程中，碳排放的最高点，即碳峰值。简单来讲，就是碳排放进入平台期后，进入平稳下降的阶段。

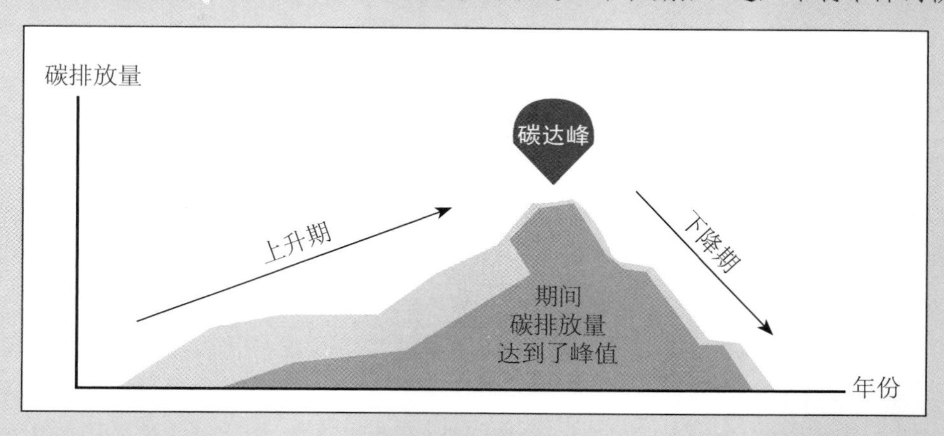

碳达峰

碳中和则指人为碳排放量与通过植树造林、碳捕集与封存等技术使碳吸收量达到平衡。简单地说，就是让二氧化碳排放量和吸收量达到“收支相抵”。

碳中和

只有实现了碳达峰的目标，才能实施碳中和的行为。前者实现的时间越早，越有利于后者的推进。碳中和的过渡时间越长，减排工作的压力就越小，对经济发展的影响也越平缓。

碳中和与碳达峰的关系如下。

1 碳达峰是二氧化碳排放量由增转降的历史拐点

2 碳达峰目标包括碳达峰年份和达峰峰值

3 碳达峰是碳中和的基础和前提

4 碳达峰的时间和峰值直接影响碳中和实现的时间及难度

碳中和与碳达峰的关系

2.“双碳”目标提出的背景和思路

温室气体（主要是二氧化碳）排放的增多，导致全球气候变暖，如果不加以控制，地球温度极有可能上升2度以上，将导致全球发生不可逆转的灾难。为此，世界各国纷纷提出减少碳排放的想法，争取将上升温度控制在1.5度以内。

在减少温室气体排放的问题上，各国国情不同，承担的责任也有所区别。我国是发展中国家，也是世界上二氧化碳排放最多的国家（约占全球的1/3），因此，必须有效控制碳排放。经过测算，我国到2030年可实现碳达峰，到2060年可实现碳中和，这也是我国政府对世界各国的庄严承诺。我国“双碳”目标能否实现，直接影响全球温室气体减排目标的实现。因此，“双碳”目标是举我国之力必须完成的政治任务。

3.“双碳”目标的内涵

实现碳达峰、碳中和，是党中央统筹国内国际两个大局作出的重大战略决策，是着力解决资源环境约束突出问题、实现中华民族永续发展的必然选择，是构建人类命运共同体的庄严承诺。

2020年9月，我国在联合国大会上向世界宣布了“2030年前实现碳达峰、2060年前实现碳中和”的目标。

2021年，《关于完整准确全面贯彻新发展理念做好碳达峰碳中和工作的意见》以及《2030年前碳达峰行动方案》相继出台，共同构成中国碳达峰、碳中和“1+N”政策体系的顶层设计。

在《关于完整准确全面贯彻新发展理念做好碳达峰碳中和工作的意见》中，再次明确了“双碳”目标。

（1）到2025年，绿色低碳循环发展的经济体系初步形成，重点行业能源利用效率大幅提升。单位国内生产总值能耗比2020年下降13.5%；单位国内生产总值二氧化碳排放比2020年下降18%；非化石能源消费比重达到20%左右；森林覆盖率达到24.1%，森林蓄积量达到180亿立方米，为实现碳达峰、碳中和奠定坚实基础。

（2）到2030年，经济社会发展全面绿色转型取得显著成效，重点耗能行业能源利用效率达到国际先进水平。单位国内生产总值能耗大幅下降；单位国内生产总值二氧化碳排放比2005年下降65%以上；非化石能源消费比重达到25%左右，风电、太阳能发电总装机容量达到12亿千瓦以上；森林覆盖率达到25%左右，森林蓄积量达到190亿立方米，二氧化碳排放量达到峰值并实现稳中有降。

（3）到2060年，绿色低碳循环发展的经济体系和清洁低碳安全高效的能源体系全面建立，能源利用效率达到国际先进水平，非化石能源消费比重达到80%以上，碳中和目标顺利实现，生态文明建设取得丰硕成果，开创人与自然和谐共生新境界。

碳普惠政策支持

2.1 国家层面的政策支持

国家对碳普惠的政策支持是多方面的、全方位的，为碳普惠机制的建立与发展提供了有力的保障，具体如图 2-1 所示。

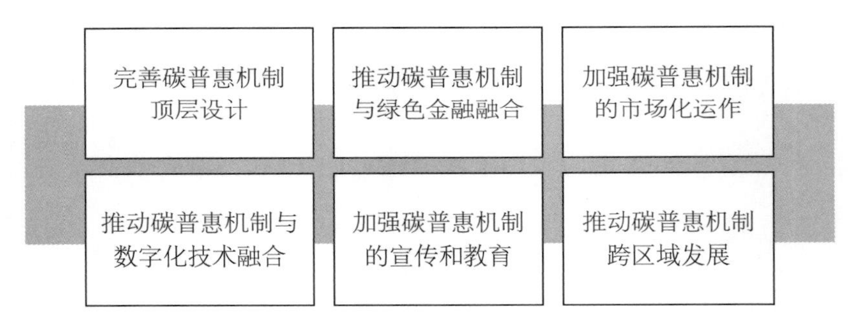

图 2-1 国家层面对碳普惠的政策支持

2.1.1 完善碳普惠机制顶层设计

我国正在逐步完善碳普惠机制的顶层设计，包括制定碳普惠机制的相关政策、法规和标准，明确碳普惠机制的目标、原则和实施路径等。这些顶层设计为碳普惠机制的实施提供了坚实的政策基础。

2.1.2 推动碳普惠机制与绿色金融融合

国家鼓励金融机构创建绿色金融产品和服务，以支持碳普惠项目的发展。

比如，通过绿色信贷、绿色债券等金融产品，为碳普惠项目提供融资支持。

同时，国家还推动建立碳普惠项目的信用评价体系，为金融机构提供风险评估和参考。

2.1.3 加强碳普惠机制的市场化运作

国家支持碳普惠机制的市场化运作，希望通过市场机制推动碳普惠项目的发展。

比如，建立碳普惠项目的交易市场和交易平台，允许对碳普惠项目的减排量进行交易和转让。

同时，国家还推动建立碳普惠项目的认证和核证体系，确保碳普惠项目的真实性和有效性。

2.1.4 推动碳普惠机制与数字化技术融合

国家大力支持碳普惠机制与数字化技术的融合，利用数字化技术提升碳普惠机制的运行效率和准确性。

比如，利用大数据、云计算等技术手段，建立碳普惠项目的数据库和信息系统，实现碳普惠项目的智能化管理和监测。

同时，国家还推动建立碳普惠项目的移动应用平台，方便公众随时参与碳普惠活动。

2.1.5 加强碳普惠机制的宣传和教育

国家注重碳普惠机制的宣传和教育，不断提高公众对碳普惠机制的认知度和参与度。

比如，通过讲座、展览等活动，向公众普及碳普惠机制的理念和操作方法。

同时，国家还鼓励媒体和网络平台加强对碳普惠机制的报道和宣传，营造出全社会共同关注和支持碳普惠机制的良好氛围。

2.1.6 推动碳普惠机制跨区域发展

国家鼓励碳普惠机制跨区域发展，通过区域合作推动碳普惠机制的实施。

比如，建立跨区域的碳普惠项目合作机制，实现碳普惠项目的跨区域共享和互认。

同时，国家还推动建立区域性碳普惠交易平台，促进碳普惠项目的交易和转让。

相关链接

国家层面发布的碳普惠政策文件一览表

发布时间	政策名称	关键内容及意义
2021年10月	《中国落实国家自主贡献成效和新目标新举措》	推进“碳普惠”试点建设，激励全社会开展减排行动
2022年6月	《减污降碳协同增效实施方案》	探索建立碳普惠公众参与机制

续表

发布时间	政策名称	关键内容及意义
2022 年 9 月	《国务院关于支持山东深化新旧动能转换推动绿色低碳高质量发展的意见》	加快形成绿色低碳生活方式，探索建立个人碳账户等，建立绿色消费激励机制
2022 年 10 月	《中国应对气候变化政策与行动 2022 年度报告》	完善应对气候变化工作的顶层设计，制定中长期室内气体排放控制战略，积极减缓气候变化，完善政策体系和支撑保障等
2022 年 11 月	《中国落实国家自主贡献目标进展报告（2022）》	重点讲述工业、城乡建设、交通、农业、全民行动等领域控制温室气体排放的新进展，总结能源绿色低碳转型、碳市场建设的成效等
2023 年 2 月	《最高人民法院关于完整准确全面贯彻新发展理念 为积极稳妥推进碳达峰碳中和提供司法服务的意见》	包括服务经济社会发展全面绿色转型、助推构建清洁低碳安全高效能源体系、推进完善碳市场交易机制等内容
2024 年 1 月	《中共中央　国务院关于全面推进美丽中国建设的意见》	全面推进美丽中国建设，加快发展方式绿色转型，持续深入推进污染防治攻坚，打造美丽中国建设示范样板等
2024 年 9 月	《碳排放计量能力建设指导目录（2024 版）》	涵盖了多个关键测量参数、检测标准方法、测量仪器设备、国家计量技术规范和社会公用计量标准，为各级计量技术机构、重点排放单位和温室气体自愿减排项目业主提供了全方位的参考和指导，将全面提升我国碳排放计量能力，确保碳排放数据的准确性和可靠性，为碳减排活动提供坚实的技术支撑
2024 年 10 月	《关于发挥绿色金融作用 服务美丽中国建设的意见》	从加大重点领域支持力度、提升绿色金融专业服务能力、丰富绿色金融产品和服务、强化实施保障四个方面提出 19 项重点举措。强调要着力提升金融机构绿色金融服务能力，丰富绿色金融产品和服务，加大绿色金融产品创新力度

2.2 地方层面的政策支持

各地方政府也从不同角度积极推动碳普惠政策的制定，为碳普惠机制的实施提供有力的保障，并推动碳普惠机制持续发展，具体如图 2-2 所示。

图 2-2　地方层面的政策支持

2.2.1　制定碳普惠政策

各地政府都在积极推动碳普惠机制的建立和发展，纷纷出台了碳普惠相关的政策文件，为碳普惠机制的运行提供政策保障，并形成上下联动、共同推进的良好局面。

比如，北京市、天津市和河北省共同制定并发布了《碳普惠项目减排量核算技术规范 低碳出行》，这也是国内首个区域性碳普惠技术文件，可为低碳出行的碳减排量提供科学的核算依据，并鼓励更多人选择绿色出行方式。

2.2.2　搭建碳普惠平台

地方政府积极搭建碳普惠平台，方便公众记录、查询和兑换碳积分。这些平台通常与当地的交通、能源、环保等部门合作，通过数据共享和智能算法，对公众的低碳行为进行量化，并赋予相应的碳积分。

比如，广东省的碳普惠平台将用户的特定低碳行为转化为可量化的碳积分，用户可用碳积分换取部分政策优惠或直接交易。

截至 2023 年末，广东省的 8 个地市及武汉、青岛、北京、成都等城市都建立了政府主导的碳普惠平台。

2.2.3　推广碳普惠应用

地方政府还通过推广碳普惠应用，提高公众的参与度和认知度。这些应用通常包括手机 APP、小程序等，如蚂蚁森林，方便公众随时查看自己的碳足迹、碳积分，并兑换相应的奖励。

2.2.4　建立激励机制

地方政府建立了多种激励机制，鼓励公众参与碳普惠活动。这些激励机制包括碳积分兑换、碳减排奖励等，旨在让公众在参与碳普惠活动的过程中获得实质性的收益。

比如，一些地方政府会定期举办碳普惠活动，对积极参与的公众进行表彰和奖励，以激发更多人的参与热情。

2.2.5 加强宣传与推广

地方政府加强对碳普惠的宣传与推广，引导公众积极参与碳普惠活动，让绿色低碳理念深入人心，共同推动社会可持续发展。

2.2.6 推动碳普惠与绿色金融融合

地方政府响应国家政策，积极推动碳普惠与绿色金融的融合，比如，一些地方政府会设立碳普惠基金，为符合条件的碳普惠项目提供资金支持；同时，还会鼓励金融机构创新绿色金融产品和服务，以满足碳普惠机制发展的需要。

地方层面发布的碳普惠政策文件一览表

地区	发布单位	发布时间	发布政策
北京市	北京市发展和改革委员会等12部门	2024.1.29	《北京市进一步强化节能实施方案（2024年版）》
上海市	上海市生态环境局等8部门	2022.11.28	《上海市碳普惠体系建设工作方案》
	上海市生态环境局	2023.9.26	《上海市碳普惠管理办法（试行）》
广东省	广东省发展和改革委员会	2015.7.17	《广东省碳普惠制试点工作实施方案》
	广东省生态环境厅	2022.4.6	《广东省碳普惠交易管理办法》
	广州市生态环境局	2023.1.31	《广州市碳普惠自愿减排实施办法》
	深圳市人民政府办公厅	2021.11.16	《深圳碳普惠体系建设工作方案》
	深圳市生态环境局	2022.8.2	《深圳市碳普惠管理办法》
	河源市人民政府办公室	2023.4.24	《河源市碳普惠制建设工作方案》
天津市	天津市生态环境局、发展和改革委员会等14部门	2023.1.16	《天津市碳普惠体系建设工作方案》
	天津市生态环境局	2024.9.12	《天津市碳普惠管理办法（试行）》
福建省	厦门市生态环境局	2024.9.6	《厦门市碳普惠管理办法（试行）》
湖北省	武汉市人民政府办公厅	2023.4.14	《武汉市碳普惠体系建设实施方案（2023—2025年）》
	武汉市生态环境局	2023.8.21	《武汉市碳普惠管理办法（试行）》
江西省	抚州市生态环境局	2023.11.29	《抚州市碳普惠管理办法（试行）》

续表

地区	发布单位	发布时间	发布政策
四川省	四川省林业和草原局、四川省生态环境厅	2024.1.22	《深入推进林草碳普惠机制建设的指导意见》
	四川省林业和草原局、四川省生态环境厅	2024.8.15	《四川省林草碳普惠管理办法(试行)》
	成都市人民政府	2020.3.24	《成都市人民政府关于构建“碳惠天府”机制的实施意见》
	成都市人民政府办公厅	2022.12.19	《成都市深化“碳惠天府”机制建设行动方案》
海南省	海南省国家生态文明试验区建设领导小组	2023.2.20	《海南省碳普惠管理办法（试行)》
山东省	山东省生态环境厅、山东省发展和改革委员会	2023.1.12	《山东省碳普惠体系建设工作方案》
	青岛市生态环境局	2023.8.15	《青岛市碳普惠体系建设工作方案》
浙江省	嘉兴市生态环境局	2024.2.23	《嘉兴市碳普惠建设管理办法(试行)》
河北省	河北省发展和改革委员会	2018.9.25	《河北省碳普惠制试点工作实施方案》

第3章

碳普惠标准制定

3.1 碳普惠团体标准

碳普惠团体标准属于市场自定标准，是由具有法人资格且具备相应专业技术能力、标准化工作能力和组织管理能力的学会、协会、商会、联合会及产业技术联盟等社会团体制定的。

3.1.1 碳普惠团体标准的意义

碳普惠团体标准的制定，有助于规范碳普惠项目的实施和管理，提高碳减排工作的准确性和可验证性，推动绿色低碳生活方式的普及和发展。

3.1.2 碳普惠团体标准的主要内容

碳普惠团体标准通常涵盖多个方面，包括但不限于表3-1所示的内容。

表3-1 碳普惠团体标准包含的内容

序号	内容	具体说明
1	减排量核算方法	（1）针对不同类型的低碳行为（如低碳出行、绿色办公、可再生能源利用等），制定具体的减排量核算方法 （2）明确减排量的计算依据与计算过程，确保减排量计算的准确性和可验证性
2	碳普惠场景界定	（1）界定碳普惠的范畴，如步行、骑行、公共交通出行、无纸化办公等 （2）对不同场景下的低碳行为进行细分和量化，以便更准确地评估减排效果
3	数据监测与质量管理	（1）确定数据监测的方法和要求，确保数据的准确性和可靠性 （2）建立质量管理体系，对减排量评估报告进行编制和审核，确保报告的真实性和可信度
4	激励机制设计	（1）设计多样化的激励机制，如碳积分兑换、碳普惠信贷、碳普惠保险等 （2）鼓励公众积极参与碳普惠活动，提高碳减排的效率

3.1.3　碳普惠团体标准的发布情况

碳普惠团体标准是推动碳普惠机制发展的重要保障。通过制定和实施碳普惠团体标准，可以规范碳普惠交易活动，塑造良好的碳普惠市场环境，推动企业生产低碳转型，促进“双碳”目标早日实现。

目前已发布的碳普惠团体标准如表 3-2 所示。

表 3-2　已发布的碳普惠团体标准

实施时间	发布单位	标准名称	内容简介
2021.10.22	中国标准化协会	《新能源汽车替代出行的温室气体减排量评估技术规范》	纯电动汽车、插电式混合动力汽车（含增程式）等新能源汽车替代传统燃油汽车出行的温室气体减排量评估包括边界及排放源识别、温室气体种类确定、项目活动及基准线情景确定、减排量计算、监测及数据质量管理、减排量评估报告编制等内容，适用于以新能源汽车替代同等运力传统燃油车温室气体减排量的评估
2021.11.11	中国汽车工程学会	《电动汽车出行碳减排核算方法》	涵盖了电动汽车的所有车型和出行场景，适用范围广，对电动汽车碳资产核算、碳交易、碳普惠等环节提供科学有效的支持，并为日后参与 CCER 项目开发做好衔接准备
2021.12.21	中国认证认可协会	《私人小客车合乘出行项目温室气体减排量评估技术规范》	包括术语和定义、项目边界确定与排放源识别、减排量计算、监测及数据质量管理以及减排量评估报告编制等五大方面内容
2022.5.5	中华环保联合会	《公民绿色低碳行为温室气体减排量化导则》	明确了公民绿色行为碳减排量化的术语、定义、基本原则、要求和方法，涉及衣、食、住、行、用、办公、数字金融等七大类别的 40 项绿色低碳行为
2022.7.20	中国经济技术协会	《基于项目的温室气体减排量评估技术规范　二手交易平台》	适用于二手交易平台包括闲置交易在内的经营服务活动碳减排量的评估，是国内乃至全球首个针对二手商品交易平台温室气体减排量核算的标准，也可以为温室气体减排量国家标准的制定提供参考
2022.9.28	中关村现代能源环境服务产业联盟	《数字化加油方式碳减排量评估技术规范　燃油汽车》	通过数字化加油方式碳减排行为的研究，建立了减排量计算标准化数学模型，填补了我国数字化加油方式碳减排核算体系的空白
2022.10.31	中国节能协会	《基于互联网平台的个人碳减排激励管理规范》	首次提出通过互联网进行个人碳减排量化和激励的基本框架，对个人绿色低碳行为进行识别、量化、激励、评估、考核等，并提供体系化的管理指引

续表

实施时间	发布单位	标准名称	内容简介
2023.7.17	中国循环经济协会	《基于项目的温室气体减排量评估技术规范 互联网平台闲置物品交易通用要求》《基于项目的温室气体减排量评估技术规范 循环经济领域资源化过程 互联网平台废弃产品回收》	这两个分别是国内成体系、覆盖面广、实用性强的互联网闲置物品交易及互联网回收减排量评估的首个团体标准。基于此，消费者通过互联网平台买卖闲置物品以及参与互联网回收（例如衣物、图书、旧家电回收等场景）可减少的碳排放量也有了具体的计算标准
2023.9.14	中国国际科技促进会	《碳汇宝自愿减排项目申报、交易及中和标准》	包括碳汇宝自愿减排项目的术语和定义、项目类型、申报原则、申报要求和项目流程以及减排量 CNER 交易通用要求等内容，适用于碳汇宝自愿减排项目的申报、交易及中和活动
2023.12.1	中国节能协会	《碳普惠场景碳减排核算指南 个人节约用电行为》	包括个人节约用电行为、活动数据、排放因子、基准线情景、带动减排、避免排放和碳普惠等关键术语的定义，适用于指导国内机关、学校、企业、小区、家庭等在保证安全用电的前提下，通过个人行为减少电力使用的减排量核算，但不包含节能设备和技术进步带来的减排方式的核算
2023.12.1	中国节能协会	《碳普惠场景碳减排核算指南 外卖拼团》	包括外卖拼团服务碳减排量核算应用条件、碳减排量核算管理流程和核算方法、数据质量和监测报告规则等内容，适用于国内外卖平台、外卖人员注册信息平台对拼团服务碳减排量的核算
2023.12.1	中国节能协会	《碳普惠场景碳减排核算指南 节约用纸》	包括节约用纸碳减排量核算应用条件、碳减排量核算管理流程和核算方法、数据质量和监测报告规则等内容，适用于指导国内政府机关、企事业单位和个人尽量不用或者少用纸，如双面打印、减少打印数量、减少打印面积及使用电子文件替代等的碳减排量核算
2023.12.1	中国节能协会	《碳普惠场景碳减排核算指南 无需一次性餐具》	包括无需使用一次性餐具碳减排量核算应用条件、碳减排量核算管理流程和核算方法、数据质量和监测报告规则等内容，适用于国内外卖平台、餐饮行业、零售行业等在满足加工食品食用要求的情况下不提供或者不使用一次性餐具的碳减排量核算

续表

实施时间	发布单位	标准名称	内容简介
2023.12.1	中华环保联合会	《公民绿色低碳行为温室气体减排量化指南　办公：在线会议》	包括在线会议温室气体减排量的量化原则与方法、数据监测与质量管理、减排量评估报告编制等内容，适用于采用在线会议的公民、企业或提供在线会议的互联网平台，可量化在线会议温室气体的减排量
2023.12.1	中华环保联合会	《公民绿色低碳行为温室气体减排量化指南　办公：无纸化办公》	包括无纸化办公温室气体减排量的量化原则与方法、数据监测与质量管理和减排量评估报告编制等内容，适用于采用无纸化办公的公民、企业或提供无纸化办公的互联网平台，可量化无纸化办公温室气体的减排量
2023.12.1	中华环保联合会	《公民绿色低碳行为温室气体减排量化指南　行：机动车停驶》	包括公民停驶机动车而采用其他方式出行的温室气体减排量量化原则、评估范围与程序、评估内容和数据质量管理等内容，适用于公民或出行平台停驶机动车温室气体减排量的量化与评估
2023.12.1	中华环保联合会	《公民绿色低碳行为温室气体减排量化指南　行：混合动力汽车出行》	包括公民自愿采用混合动力汽车出行行为的温室气体减排量量化原则、评估范围与程序、评估内容和数据质量管理等内容，可指导出行平台对采用混合动力汽车出行的绿色低碳行为碳减排量的计算
2023.12.1	中华环保联合会	《公民绿色低碳行为温室气体减排量化指南　行：不停车缴费》	包括公民采取不停车缴费行为的温室气体减排量量化原则、评估范围与程序、评估内容和数据质量管理等内容，适用于公民驾驶燃油车辆通过不停车缴费车道温室气体减排量的量化与评估
2023.12.1	中华环保联合会	《公民绿色低碳行为温室气体减排量化指南　行：地铁出行》	包括公民采取地铁出行行为的温室气体减排量量化原则、评估范围与程序、评估内容和数据质量管理等内容，适用于公民个人或地铁运营公司对地铁出行行为温室气体减排量的量化与评估
2023.12.1	中华环保联合会	《公民绿色低碳行为温室气体减排量化指南　行：公交出行》	包括公民采取公交出行行为的温室气体减排量量化原则、评估范围与程序、评估内容和数据质量管理等内容，适用于公民个人或出行平台对公交出行行为温室气体减排量的量化与评估
2023.12.1	中华环保联合会	《公民绿色低碳行为温室气体减排量化指南　行：骑行》	包括公民采取两轮自行车或电动自行车骑行出行行为的温室气体减排量量化原则、评估范围与程序、评估内容和数据质量管理等内容，适用于公民个人或出行平台对骑行行为温室气体减排量的量化与评估

续表

实施时间	发布单位	标准名称	内容简介
2023.12.1	中华环保联合会	《公民绿色低碳行为温室气体减排量化指南 行：步行》	包括公民自愿采取步行出行的温室气体减排量量化原则、评估范围与程序、评估内容和数据质量管理等内容，可指导出行平台及个人开展公民步行行为温室气体减排量的计算

3.2 碳普惠地方标准

碳普惠地方标准是指为了推动碳普惠机制在地方层面有效实施而制定的一系列规范和准则。

3.2.1 碳普惠地方标准的意义

碳普惠地方标准的制定，有助于地方碳减排目标的实现，可促进绿色低碳生活方式的普及，提高公众的环保意识和参与度。

3.2.2 碳普惠地方标准的主要内容

碳普惠地方标准通常包括表 3–3 所示的内容。

表 3–3 碳普惠地方标准包含的内容

序号	内容	具体说明
1	减排量核算方法	针对不同类型的低碳行为，制定具体的减排量核算方法，明确减排量的计算依据与计算过程，确保减排量计算结果的准确性和可验证性
2	碳普惠平台建设规范	明确碳普惠平台的建设要求、功能要求、数据接口要求、安全性要求和运行维护要求等内容，确保平台稳定、安全地运行，为公众提供便捷的碳减排查询和兑换服务
3	运营管理规范	制定碳普惠项目的运营管理规范，包括项目申报、审批、实施、监测和评估等环节，确保项目的合规性、有效性和可持续性，推动碳普惠机制的长期发展
4	激励机制设计	设计多样化的激励机制，鼓励公众积极参与碳普惠项目

3.2.3 碳普惠地方标准的实施

碳普惠地方标准的实施是一个多维度、多层次的过程，旨在推动全社会形成绿色低碳的生产生活方式。

目前，已有不少省、市陆续发布了碳普惠地方标准，涉及低碳居住、低碳出行、公众低碳场景等多个领域。随着我国“双碳”战略的不断推进，越来越多的地方政府开始征集碳普惠的意见与建议，积极组织、制定并发布各类碳普惠地方标准。

表 3-4 所示是一些碳普惠地方标准。

表 3-4 碳普惠地方标准

实施时间	发布单位	标准名称	简介
2020.10.27	成都市生态环境局、成都市市场监管局、成都市商务局、成都市文广旅局	《成都市“碳惠天府”机制公众低碳场景评价规范 餐饮（试行）》	确定了“碳惠天府”机制餐饮低碳场景的基本要求、评价内容、评价方法，适用于成都市行政区域内“碳惠天府”机制餐饮低碳场景评价
		《成都市“碳惠天府”机制公众低碳场景评价规范 商超（试行）》	确定了“碳惠天府”机制商超低碳场景的基本要求、评价内容、评价方法，适用于成都市行政区域内“碳惠天府”机制商超低碳场景评价
		《成都市“碳惠天府”机制公众低碳场景评价规范 酒店（试行）》	确定了“碳惠天府”机制酒店低碳场景的基本要求、评价内容、评价方法，适用于成都市行政区域内“碳惠天府”机制酒店低碳场景评价
		《成都市“碳惠天府”机制公众低碳场景评价规范 景区（试行）》	确定了“碳惠天府”机制景区低碳场景的基本要求、评价内容、评价方法，适用于成都市行政区域内“碳惠天府”机制景区低碳场景评价
2021.10.1	江西省市场监督管理局	《碳普惠平台运营管理规范》	包括碳普惠平台运营管理的术语和定义、基本要求、参与主体职责、量化转换程序、日常维护、信息安全、评价与改进等内容，适用于江西省碳普惠平台的运营管理
		《碳普惠平台建设技术规范》	包括碳普惠平台建设的术语和定义、建设要求、总体技术架构、功能要求、数据接口要求、安全性要求、运行维护要求等内容，适用于江西省碳普惠平台的建设
2022.4.23	衢州市市场监督管理局	《居民碳账户——生活垃圾资源回收碳减排工作规范》	包括居民碳账户中生活垃圾资源回收碳减排工作的术语与定义、总则、核算对象、数据获取与归集、碳减排核算、碳积分赋值、积分应用等内容

续表

实施时间	发布单位	标准名称	简介
2023.10.20	湖州市市场监督管理局	《碳普惠 纯电动汽车出行碳减排量核算规范》	包括纯电动汽车出行的碳减排量核算、数据监测等内容
2024.7.2	武汉市生态环境局	《武汉市碳普惠场景评价规范（试行）》	包括武汉市碳普惠场景评价的相关术语和定义、基本要求、评价指标、评价流程、评价结论等内容，适用于武汉市行政区域内商超、餐饮店、酒店、休闲场所、公共机构、金融营业网点、互联网平台等线上线下生活消费场景的碳普惠场景评价
2024.10.1	北京市市场监督管理局、天津市市场监督管理委员会、河北省市场监督管理局	《碳普惠项目减排量核算技术规范低碳出行》	明确了碳普惠项目减排量核算中低碳出行的术语与定义，确定了低碳出行碳普惠项目的基本要求、温室气体种类、项目边界和计入期、核算方法、数据监测与管理等内容，适用于京津冀行政区域范围内低碳出行碳普惠项目的设计、建设和运行

碳普惠发展问题与对策

4.1 碳普惠发展存在的问题

4.1.1 缺乏统一完善的管理制度及标准

虽然一些省市已经发布了碳普惠的实施方案、管理措施和配套政策，但在国家层面上，还没有形成对碳普惠项目的顶层设计，缺少统一和完善的国家级管理制度与标准。

4.1.2 平台重复建设，碳积分重复计算

目前，全国已有超过 20 个省市级的碳普惠平台投入运营，这些平台的服务场景高度相似；此外，一些企业也在建立自己的碳普惠平台，这就导致了资源浪费、平台重复建设。由于各平台之间的数据不互通，在核算用户绿色行为产生的碳减排量时，可能会导致数据重复统计，从而产生不真实的碳减排量，并使用户在实际碳减排价值之外获得额外的权益。例如，当用户使用某个应用进行骑行时，该应用会根据骑行数据计算碳减排量，并给予用户碳积分作为奖励。同时，政府运营的地方碳普惠平台也可能会对同一骑行行为进行碳减排量的计算，并发放碳积分。这种双重的计算和奖励机制，导致了碳积分的重复统计和发放。

4.1.3 数据采集困难，非量化绿色行为数据难以分析

碳普惠涵盖了多种应用场景，使绿色生活方式的多样性也得到了体现。对于那些可认证的减排行为，如步行、骑行和新能源车充电等，可以通过定量的方法来计算碳减排量。然而，如果单一平台未与各大应用实现数据对接，或者未获得用户的授权，那么就无法准确统计用户的绿色行为数据。此外，对于那些非量化的减排行为，如“光盘”行动、垃圾回收和旧衣回收等，缺乏科学的方法来确定用户数据的来源和实际碳减排量的计算，因此难以进行准确的量化分析。

4.1.4 用户碳积分激励消纳场景单一，碳减排量无法进入交易市场

当前，大部分碳普惠平台的碳积分应用较为有限，仅限于在碳积分商城中兑换商品，而且可兑换的商品种类也不够丰富。此外，除了少数碳普惠平台用户的碳减排量实现了交易外，大部分用户的减排量尚未进入碳交易市场，交易的完整链条尚未建立。

4.1.5 公众对碳普惠的认知度不高，参与度低

由于宣传推广力度不足，低碳生活理念尚未广泛普及，导致公众对碳普惠的了解和参与度普遍较低，在三线及以下城市和农村地区尤为明显。

4.1.6 平台使用成本高、用户活跃程度低

当前，大部分碳普惠平台主要服务于社会大众。作为独立的产品，公众使用这些平台的成本相对较高，这就导致平台的用户唤醒率较低，注册用户和活跃用户的数量也相对较少。

4.2 应对的策略

为了解决上述问题，需要政府、企业和社会三方通力合作，强化监管，规范市场秩序，优化碳普惠体系和激励政策，培育专业人才，并推动技术革新，促进碳普惠持续健康发展。

4.2.1 制定碳普惠顶层政策

国家层面应尽快制定碳普惠的顶层政策，全面规划碳普惠体系的建设，完善相关方案和管理办法，并推动建立全国性的碳普惠平台。同时，制定相应的法律法规和标准，明确碳普惠的定义、范围和程序，为碳普惠的实施提供法律和政策支持。

4.2.2 加强宣传教育和培训

公众是碳普惠机制的核心参与者，他们的低碳生活和消费观念对碳普惠机制的实施至关重要。因此，加强对绿色低碳生活方式的宣传，提高公众的参与度，是一项重要且长远的任务。政府应建立完善的教育体系和激励机制，激发各方的积极性，并在全国推广地方政府的优秀经验，利用社会传播的力量，营造全国性的低碳生活和消费氛围，建设低碳型的社会。

4.2.3 加快开发碳普惠方法学和低碳场景

开发低碳场景是实现公众减排的关键途径，这需要更多的碳普惠方法学提供支持。低碳场景是碳普惠机制的表现形式，而碳普惠方法学则是低碳场景的基础，两者相辅相成。国家应确定更多的碳普惠方法学，在交通、消费、餐饮等领域，选择具有实践意义的方法学，并统一各地标准，促进全国碳普惠市场的流通。同时，明确碳减排各参与角色的权益归属，确保方法学的公平性和权威性。在此过程中，还应加快低碳场景的建设，使公众和企业能迅速参与减排行动，并不断完善公众和企业碳账户在不同场景下的数据与资产整合，从而推动碳普惠机制的健康发展。

4.2.4 完善碳普惠激励机制，开发碳普惠减排交易市场

完善碳普惠激励机制并开发碳普惠减排交易市场是推动碳普惠项目发展的关键。国家应加强与其他国家和地区在碳普惠领域的合作，并建立国际合作机制，共同推动全球化低碳转型。

为了激励更多人投身于碳普惠活动，必须构建一个多元化的激励体系，旨在加强碳普惠技术领域的交流合作、推动技术转移和普及以及促进低碳技术的创新和应用。激励措施不仅包括优惠券、折扣和礼品等物质奖励，还应包括社会认可、环保意识提升等非物质激励。同时，在资金合作方面应加大力度，多方共同筹集资金支持碳普惠项目的开展以及碳普惠减排交易市场的开发，使参与者通过交易自己的碳减排量来获得经济回报。这不仅能激发公众的参与热情，还能为需要碳减排量的企业提供购买渠道。此外，还应加强对话和交流，深化国际合作，共同推进碳普惠政策的制定与实施，并注重人才培养，提升碳普惠从业者的专业水平。

4.2.5 鼓励企业积极参与碳普惠建设

推动碳普惠机制的构建，不仅需要公众的参与，同样需要企业的支持。企业参与碳普惠建设有助于提升政府监测政策的实施效果，帮助政府全面了解消费端的碳减排成效，为政府决策提供数据支持和技术支撑。碳普惠机制是贯彻新发展理念、推动绿色低碳转型的关键措施，需要在政府的引导下，整合社会资源，围绕消费端减碳目标，形成合作共赢的局面，以实现社会、经济和环境的协调发展。

企业通过参与碳普惠项目，不仅可以展现对环保和社会责任的承诺，提升企业形象；还能促进自身的可持续发展，实现经济效益、社会效益和环境效益的平衡。政府应对企业参与碳普惠建设进行大力宣传，从而带动更多企业参与绿色环保行动，共同为实现碳减排目标贡献力量。

4.2.6 加强金融机构对碳普惠的支持

金融机构在碳普惠体系中扮演着重要角色，它们能够协助建立个人和企业的碳账户，详细记录碳减排行为，并评估碳信用。在此基础上，金融机构可以为碳普惠发展提供坚实的支持，包括对碳信用评级高的个人和企业提供金融服务和金融支持等。

金融机构应大力开发与碳普惠相关的金融产品，如绿色信用卡、绿色理财产品和碳交易金融产品等，以满足公众对绿色消费和投资的多元化需求，并促进低碳领域的协调发展。金融机构还应为碳普惠项目提供融资支持，包括但不限于贷款、债券和股权投资，以促进碳减排目标的实现。同时，金融机构应积极投身碳交易市场，开展碳配额和自愿减排量的交易，为企业和个人提供更全面的碳资产管理和交易选项。

4.2.7 积极融合新技术，探索新模式

国家应主动整合区块链、人工智能、物联网、大数据、虚拟现实和增强现实等前沿技术，探索碳普惠机制框架的新模式，构建更精确、高效的运营管理平台，营造更安全的交易环境，并扩大公众参与的范围，促进碳普惠机制的创新和发展。

第 5 章 碳普惠长远规划

5.1 政策推动与法制化建设

5.1.1 政策推动

5.1.1.1 政策引导

政府作为碳普惠机制的主要推动者，应持续出台一系列相关政策，以促进碳普惠机制的完善与发展。这些政策应涵盖多个方面，包括但不限于表 5-1 所示的内容。

表 5-1 政策涵盖的内容

序号	涵盖内容	具体说明
1	资金扶持	设立专项基金或提供财政补贴，以支持碳普惠项目的研发、示范和推广，降低企业和个人参与碳普惠行动的成本，提高参与的积极性
2	税收优惠	对积极参与碳普惠行动的企业和个人，给予税收减免或相应优惠。这不仅可以激励更多主体参与到碳普惠活动中来，还可以促进绿色低碳产业的快速发展
3	技术支持	鼓励和支持科研机构、高校和企业等开展碳普惠相关技术的研究和开发，以提升碳普惠平台的智能化水平、数据准确性和交易效率
4	市场准入	制定严格的市场准入标准，以确保碳普惠项目的质量和安全。同时，还应加强对碳普惠市场的监管和管理，防止市场出现乱象
5	宣传教育	加大对碳普惠机制的宣传力度，提高公众对碳普惠的认知度和参与度。通过举办各类绿色讲座、宣传和教育活动，引导公众形成低碳、环保的生活方式

比如，生态环境部已于 2023 年 8 月承诺，深入研究统一碳普惠系统平台和设立全国碳普惠管理及运营机构的必要性和可行性，这将为碳普惠的法制化、规范化、体系化提供有力支持。

5.1.1.2 地方实践

除了中央政府的政策引导外，地方政府也应积极响应国家号召，结合本地实际情况，制定具体的碳普惠实施方案，涵盖碳普惠平台搭建、减排量核算、激励机制设计等方面。地方政府应鼓励企业和个人积极参与碳普惠行动，通过政策引导和市场机制，推动绿色低碳生活方式的普及。

5.1.2 法制化建设

5.1.2.1 《碳普惠促进法（草案）》的制定与实施

为推动碳普惠机制的法制化建设，政府应加快制定与实施《碳普惠促进法（草案）》，明确碳普惠的定义、原则、目标、责任主体等方面内容，确保碳普惠机制的合法性和权威性。同时，该法律还将对碳普惠项目的申报、审核、评估、公示等环节进行规范，以确保碳普惠项目的真实性和有效性。

5.1.2.2 统筹规划碳普惠体系建设

在推动《碳普惠促进法（草案）》制定与实施的过程中，政府应结合温室气体自愿减排交易市场建设，统筹规划碳普惠体系的建设、运行和管理，确定碳普惠减排量核算方法、交易规则、监管机制等内容。将这些内容纳入法律框架内，可以确保碳普惠机制与温室气体自愿减排交易市场的有效衔接和协同发展。

5.1.2.3 为地方碳普惠体系提供指导

在法制化建设的过程中，政府还应为地方碳普惠体系提供指导，包括制定统一的标准和规范、提供技术支持和培训、分享成功案例和经验等内容。通过这些措施，可以帮助地方政府更好地理解和实施碳普惠机制，推动碳普惠在本地快速发展。

5.2 技术创新与平台建设

5.2.1 技术创新

在碳普惠机制的实施中，技术创新起到了至关重要的作用。通过引入区块链、人工智能、大数据、物联网等前沿技术，可以显著提升碳普惠平台的运行效率与数据准确性，进而推动整个机制的完善与发展。

5.2.1.1 区块链技术

区块链具有去中心化、数据不可篡改等特点，非常适合碳普惠减排量的记录和交易。通过区块链技术，可以确保每一笔减排量的产生、转移和交易都被准确记录，且无法被篡改，从而增强了减排量的可信度和安全性。

5.2.1.2 人工智能技术

人工智能在数据处理和分析方面具有强大的作用。在碳普惠机制中，人工智能可以对用户的减排行为进行智能识别、分类和评估，从而更准确地核算减排量。此外，人工智能还可以预测用户的减排潜力，为制定更有效的激励政策提供数据支持。

5.2.1.3 大数据技术

大数据技术可以处理和分析海量的数据，为碳普惠机制提供全面的数据支持。利用大数据技术，可以对用户的减排行为进行深入挖掘和分析，发现其中的规律和趋势，从而制定更精准的激励政策。同时，大数据技术还可以监测和评估碳普惠机制的运行效果，促进碳普惠机制得到进一步优化。

5.2.1.4 物联网技术

物联网技术可以将各种设备、传感器和智能终端连接起来，实现数据的实时采集和传输。在碳普惠机制中，物联网技术可以实时监测用户的减排行为，如智能家居设备的能耗情况、新能源汽车的行驶里程等，从而使减排量的核算更加精准。

5.2.2 平台建设

碳普惠平台是碳普惠机制的重要组成部分，为用户提供了参与碳普惠行动的便捷通道。为了推动碳普惠机制的发展，应鼓励地方政府和企业建设自己的碳普惠平台，或与各类互联网平台联合发起绿色减排活动。

5.2.2.1 地方政府和企业自建平台

地方政府和企业可以根据自身的实际情况和发展需求，建设自有的碳普惠平台。这些平台可以为用户提供个性化的减排任务和挑战，并对完成任务和挑战的用户给予相应的奖励。同时，还可以为用户提供减排量查询、交易和兑换等功能，方便用户随时了解自己的减排成果和收益情况。

5.2.2.2 与互联网平台联合发起绿色减排活动

互联网平台具有用户基数大、传播速度快等特点，非常适合推广碳普惠机制。地方政府和企业与互联网平台合作，可以发起各种形式的绿色减排活动，如绿色出行挑战、节能减排知识竞赛等，吸引更多用户参与到碳普惠行动中来。同时，互联网平台还可以为用户提供便捷的减排量交易服务，提高用户的参与度和满意度。

在平台建设的过程中，还需要注重激励形式的多样性和奖品的丰富性。通过设立不同的奖励机制和兑换渠道，可以激发用户的参与热情和积极性。

比如，可以设立积分奖励、优惠券奖励、实物奖励等多种形式，让用户根据自己的喜好和需求选择合适的奖励方式。同时，还可以与商家合作，将减排量与商品和服务进行兑换，让用户通过减排行为获得实实在在的利益。

5.3 市场拓展与交易机制创新

5.3.1 市场拓展

随着碳普惠机制的逐步完善，碳普惠市场的潜力也将得到进一步释放，会有越来越多的企业和个人参与到碳普惠活动中来。市场拓展的过程将带来多方面的影响，如图5-1所示。

图 5-1 市场拓展带来的影响

5.3.1.1 参与主体增多

碳普惠机制的对象不再局限于少数环保先锋或大型企业，而是逐渐扩展到更广泛的社会群体。个人、中小企业、非政府组织等都可以进入碳普惠市场，共同推动绿色低碳生活方式的进一步发展。

5.3.1.2 交易活跃度提升

随着参与主体的增多，碳普惠市场的交易量也会显著增加。企业和个人将更频繁地进行减排量交易和兑换，形成更加活跃的市场氛围。这样有助于提升碳普惠机制的影响力，吸引更多潜在参与者。

5.3.1.3 市场变得规范化

随着市场的拓展，政府和企业将更加注重碳普惠市场的规范化建设。通过制定更加严格的交易规则、加强市场监管和风险防范等措施，确保碳普惠市场的健康稳定发展。同时，推动碳普惠机制与碳排放权交易市场的衔接和融合，实现二者的协同发展。

5.3.2 交易机制创新

在碳普惠的实施过程中，交易机制创新是推动其持续发展的动力。图5-2所示是交易机制的创新方向。

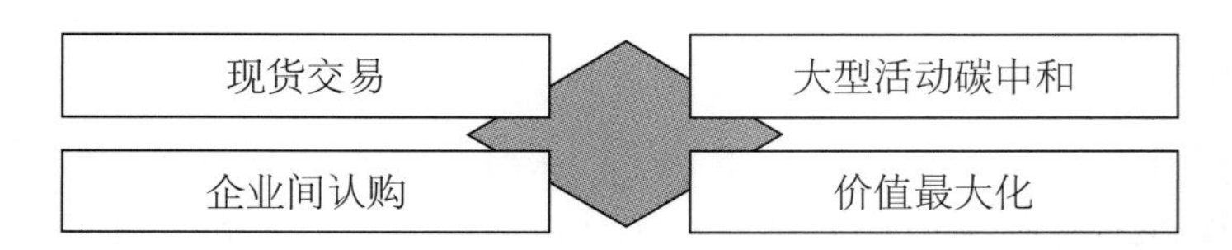

图 5-2 交易机制的创新方向

5.3.2.1　现货交易

基于碳排放交易所的现货交易是碳普惠机制的一种重要交易方式。通过碳排放交易所的平台，企业和个人可以直接进行减排量的买卖。这种方式具有交易成本低、交易速度快等优点，有助于提升碳普惠市场的活跃度。

5.3.2.2　企业间认购

企业可以通过认购其他企业的减排量来抵消自身的碳排放，从而实现碳中和目标。这种交易方式有助于激励企业采取更加积极的减排措施，同时也可以推动碳普惠机制的推广和发展。

5.3.2.3　大型活动碳中和

大型活动碳中和是指通过购买碳普惠减排量来抵消大型活动产生的碳排放。这种交易方式不仅可以提升大型活动的环保形象，推动碳普惠机制在更广泛领域的应用；还可以吸引更多的关注和支持，推动碳普惠机制的持续发展。

5.3.2.4　价值最大化

推动碳普惠减排量在碳排放交易所的交易是实现价值最大化的重要途径。通过碳排放交易所的平台，碳普惠减排量可以得到更加公正、透明的定价和交易。这有助于提升碳普惠减排量的市场价值和认可度，从而激励更多企业和个人参与到碳普惠活动中来。

5.4　社会参与与公众意识提升

5.4.1　社会参与

在碳普惠机制的实施过程中，社会参与是至关重要的一环。社会各界积极参与碳普惠行动，可以形成强大的合力，共同推动绿色低碳生活方式的普及和碳达峰、碳中和目标的实现。社会参与的方式如图 5-3 所示。

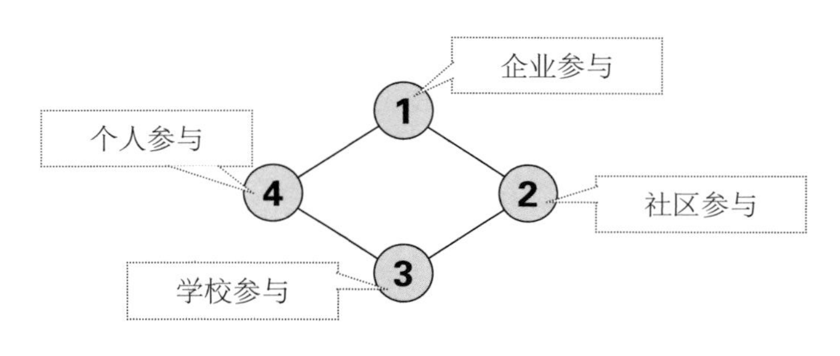

图 5-3　社会参与的方式

5.4.1.1 企业参与

企业是碳排放的主要来源之一，因此企业参与碳普惠行动具有重要意义。政府可以通过政策引导、税收优惠等措施，鼓励企业采取节能减排措施，降低碳排放量。同时，企业也可以积极参与碳普惠项目，如投资绿色能源、开发低碳产品等，为碳普惠机制的发展作出贡献。

5.4.1.2 社区参与

社区是居民生活的重要场所，也是推广碳普惠机制的重要平台。通过在社区组织绿色活动、举办绿色讲座，可以引导居民形成低碳环保的生活方式。

比如，可以举办垃圾分类、节能减排等主题活动，提高居民的环保意识和参与热情。

5.4.1.3 学校参与

在学校中推广碳普惠理念，可以培养学生的环保意识和责任意识。学校可以开设相关课程、组织实践活动等，让学生了解碳普惠的意义和价值，并鼓励他们积极参与碳普惠活动。

5.4.1.4 个人参与

个人是碳普惠机制实施的最小单位，也是最重要的参与者。通过绿色出行、节能减排等低碳生活方式，个人也可以为碳普惠机制的发展作出贡献。同时，个人也可以通过参与碳普惠项目、购买绿色产品等方式，支持碳普惠项目的开展。

5.4.2 公众意识提升

公众意识提升是碳普惠机制发展的重要保障。只有让更多的人了解碳普惠的意义和价值，才能形成强大的社会共识和行动力量。提升公众意识的措施如图 5-4 所示。

图 5-4 提升公众意识的措施

5.4.2.1 媒体宣传

媒体是传播信息的重要渠道。通过电视、广播、报纸以及社交媒体、短视频平台等，可以广泛传播碳普惠理念，提高公众的环保意识和参与度。

比如，可以制作碳普惠主题的公益广告、纪录片等，向公众展示碳普惠机制的重要性和实施成果。

5.4.2.2　社交平台推广

社交平台是现代社会人们交流互动的重要场所。利用社交平台的影响力，可以推动碳普惠理念的广泛传播。

比如，可以邀请知名人士、环保组织等在社交平台上分享自己的碳普惠行动和心得，吸引更多人关注碳普惠机制。

5.4.2.3　绿色生活理念引导

绿色生活理念是碳普惠机制的核心。通过引导公众形成低碳环保的生活方式，可以推动碳普惠政策的持续发展。

比如，可以倡导绿色出行、节能减排、垃圾分类等低碳生活方式，鼓励公众在日常生活中践行碳普惠理念。

5.5 长远规划与可持续发展

5.5.1　纳入国家发展战略

将碳普惠政策纳入国家发展战略，是确保碳普惠行动持续开展的重要保障。这也意味着碳普惠机制将成为国家推动绿色低碳事业的重要手段之一，会得到更多的政策、资金、技术等支持。通过图 5–5 所示的措施，可以确保碳普惠机制得到持续发展和完善。

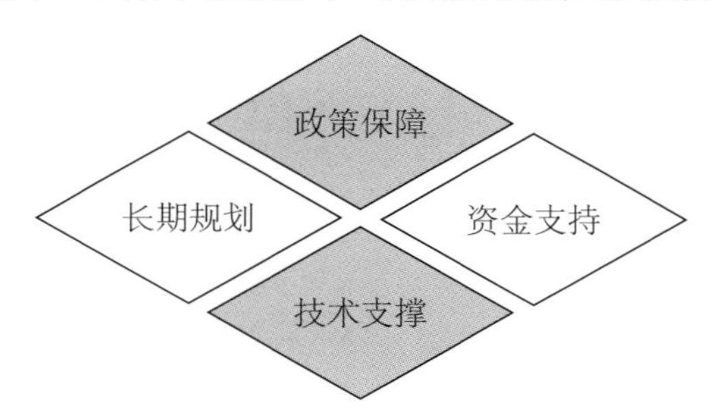

图 5–5　确保碳普惠机制持续发展和完善的措施

5.5.1.1　政策保障

纳入国家发展战略后，碳普惠机制将得到更加明确的政策支持和保障。政府将出台一系列政策措施，如税收优惠、资金补贴、技术支持等，鼓励企业和个人积极参与碳普惠行动。这些政策会为碳普惠机制的运行提供强有力的支撑。

5.5.1.2　资金支持

资金是碳普惠政策顺利实施的重要保障。纳入国家发展战略后，政府将加大对碳普惠项目的资金投入，支持碳普惠平台的建设、运营和维护。同时，还将引导社会资本进入碳普惠领域，形成多元化的资金投入机制。

5.5.1.3 技术支撑

技术是碳普惠政策实施的核心驱动力。纳入国家发展战略后，政府将加大对碳普惠技术的研发和推广力度，促进区块链、大数据、物联网等前沿技术在碳普惠领域的应用，提升碳普惠机制的智能化、精准化和便捷化水平。

5.5.1.4 长期规划

纳入国家发展战略后，政府将制定长期规划和目标，明确碳普惠项目的发展方向和重点任务，以确保碳普惠机制的稳定性和连续性，在未来持续发挥作用。

5.5.2 与国际接轨

加强与国际社会的交流与合作，是推动碳普惠机制国际化的重要途径。通过图 5-6 所示的途径，可以促进碳普惠机制向国际化发展，为实现全球绿色低碳目标作出贡献。

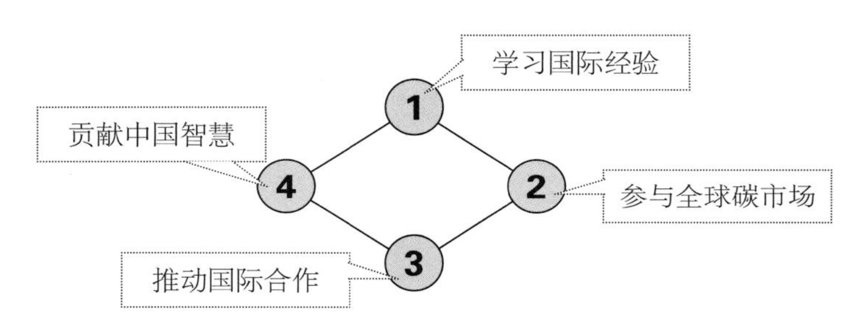

图 5-6 推动碳普惠机制向国际化发展的途径

5.5.2.1 学习国际经验

国际上有许多成功的碳普惠案例，如欧洲的碳补偿计划、美国的绿色积分计划等。学习这些先进的经验和案例，可以为我国的碳普惠项目提供有益的帮助。

5.5.2.2 参与全球碳市场

全球碳市场是碳普惠机制实施的重要平台。积极参与全球碳市场建设，可以帮助我国了解国际碳市场的运营规则和趋势，推动碳普惠机制与国际碳市场接轨，提升我国碳普惠机制在全球碳市场中的影响力和话语权。

5.5.2.3 推动国际合作

国际合作是推动碳普惠机制发展的强大力量。我国可以与其他国家或国际组织开展合作，共同推动碳普惠机制的发展和完善。

比如，可以共同开展碳普惠项目、共享碳普惠数据和技术等，形成互利共赢的合作局面。

5.5.2.4 贡献中国智慧

作为世界上最大的发展中国家，我国在碳普惠机制方面有着独特的优势和经验。通过加强与国际社会交流与合作，我们可以向世界推广中国的碳普惠理念和经验，为全球绿色低碳贡献中国智慧。

第2篇

实践篇

碳普惠操作模式

6.1 碳普惠体系平台建设与管理

碳普惠的目标是鼓励公众自愿践行低碳理念、参与碳减排活动，并对资源占用少或为低碳减排作出贡献的公众和企业给予奖励，利用市场配置作用促进公众形成节能减排的生活方式。同时，由消费端带动生产端，通过需求促进供给方技术创新。为了实现这一目标，做好碳普惠体系平台建设与管理至关重要。

6.1.1 平台架构设计

碳普惠体系平台作为社会低碳生活的重要载体，其架构设计应兼顾稳定性、可扩展性和用户友好性。

6.1.1.1 架构设计目标

碳普惠体系平台应该是一个高效、稳定、可扩展且友好的数字化平台，以推动低碳生活方式的普及和深化。通过该平台，能让用户方便地参与低碳行动，记录减排贡献，并享受相应的激励与回馈，从而激发全民节能减排的积极性和参与热情。

6.1.1.2 前端界面设计

平台的前端界面设计应遵循简洁明了的原则，要以用户为中心，注重用户体验，确保用户能够轻松完成操作，具体要求如图 6-1 所示。

1 界面布局要合理

2 色彩搭配要和谐

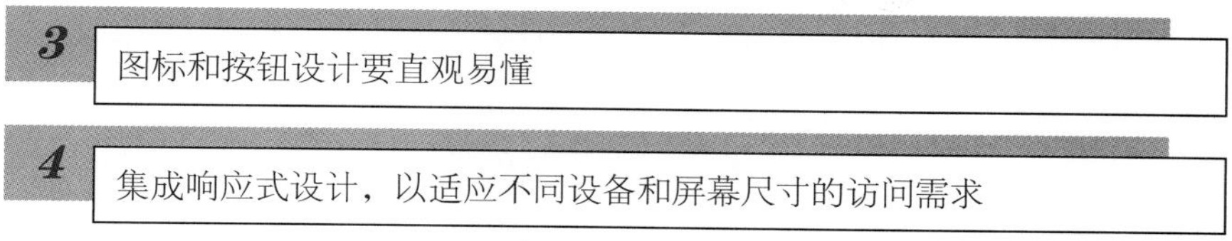

3 图标和按钮设计要直观易懂

4 集成响应式设计，以适应不同设备和屏幕尺寸的访问需求

图 6-1　前端界面设计的要求

6.1.1.3　后端技术集成

平台后端应集成大数据处理、云计算等先进技术，以支撑高效的数据存储、处理与分析，具体如图 6-2 所示。

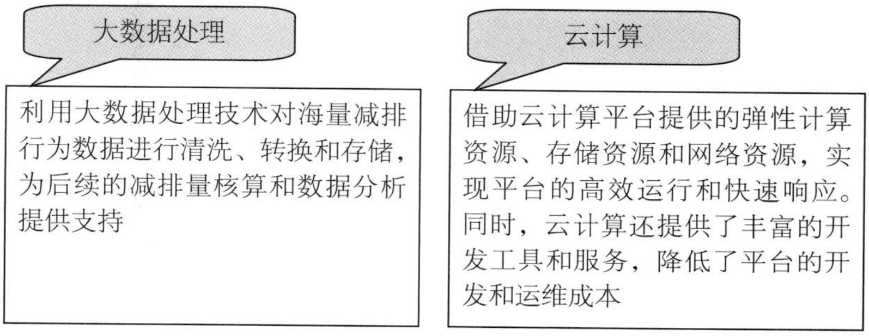

大数据处理

利用大数据处理技术对海量减排行为数据进行清洗、转换和存储，为后续的减排量核算和数据分析提供支持

云计算

借助云计算平台提供的弹性计算资源、存储资源和网络资源，实现平台的高效运行和快速响应。同时，云计算还提供了丰富的开发工具和服务，降低了平台的开发和运维成本

图 6-2　后端技术集成

6.1.1.4　核心子系统

平台应包括但不限于表 6-1 所示的核心子系统。

表 6-1　核心子系统的组成

序号	子系统	具体说明
1	用户管理	包括用户信息注册、登录、认证和权限管理等功能，确保用户数据的安全性和隐私性
2	减排行为记录	通过物联网、移动应用等技术手段，实时记录用户的低碳行为数据，如步数、骑行距离、公交出行次数等
3	减排量核算	根据科学的方法和标准，对用户的低碳行为进行量化与评估，计算出相应的减排量
4	积分发放与兑换	根据用户的减排贡献，发放相应的碳普惠积分，并提供积分兑换服务。用户可以用积分兑换商品、优惠券等奖励
5	数据分析与展示	对减排行为数据进行深度挖掘和分析，生成可视化报告和图表，为政策制定、市场研究等提供数据支持

6.1.1.5　数据互通与实时性

各子系统间应通过 API 接口实现数据互通，确保信息的实时性和准确性。当用户完成低碳行为，相关数据会立即被记录并传输到减排行为记录子系统；随后，减排量核算子系统会根据这些数据计算出减排量，并更新到用户账户中；最后，积分发放与兑换子系统会根据减排量发放相应的积分，供用户使用。整个流程实现了数据的无缝对接和实时更新。

6.1.2 数字技术应用

在碳普惠体系平台的建设中，数字技术发挥着至关重要的作用。平台应充分利用物联网技术，通过智能设备自动采集用户的低碳行为数据。同时，运用区块链技术确保减排数据的不可篡改性和透明度，增强公众对碳普惠体系的信任。此外，还应引入人工智能（AI）算法，对用户的低碳行为进行智能分析，提供个性化的减排建议，进一步提升用户低碳减排的效果。

6.1.2.1 物联网技术的应用

在碳普惠体系平台中，物联网技术是实现数据自动采集与传输的基石。部署在各类低碳场景中的智能设备，不仅能够记录用户的基本信息，还能通过传感器监测用户的运动状态、出行方式等内容。物联网技术的应用，极大地提高了数据收集的效率与准确性，为后续的减排量核算提供了坚实的基础。

（1）物联网技术的核心作用。物联网技术是连接物理世界与数字世界的桥梁，使碳普惠体系平台能够实时、精准地获取用户的低碳行为数据。这种技术的应用，不仅简化了数据收集的流程，还极大地提高了数据的准确性和时效性，为后续的减排量核算、用户行为分析以及政策制定提供了强有力的数据支持。

（2）智能设备的部署与应用。为了全面捕捉用户的低碳行为，物联网技术为各类低碳场景部署了智能设备，包括但不限于表 6-2 所示的几种。

表 6-2　在低碳场景中部署的智能设备

序号	智能设备	具体说明
1	智能手环	通过内置的传感器，智能手环能够实时监测用户的步数、心率、睡眠质量等健康数据，并据此评估用户的日常活动量。在碳普惠体系中，步数是衡量低碳出行的重要指标之一，智能手环的数据为平台提供了参考
2	智能单车锁	在共享单车领域，物联网技术使单车锁具备了智能化功能。用户通过扫码解锁单车，骑行结束后单车自动上锁并结算费用。在这一过程中，物联网技术记录了用户的骑行时间、距离等关键信息，为平台评估用户的低碳出行贡献提供了数据支持
3	公交刷卡机	在公共交通领域，物联网技术被应用于公交刷卡机中。刷卡机不仅具有支付功能，还记录了乘客的出行时间、路线等信息。这些信息对于评估公共交通的低碳效益以及用户的出行习惯具有重要意义

（3）数据采集的实时性与准确性。物联网技术的应用，使碳普惠体系平台能够实时、准确地采集用户的低碳行为数据。这些数据通过无线传输技术（如 Wi-Fi、蓝牙、NB-IoT 等）实时上传至平台服务器，经过处理后形成用户的减排量报告。相比传统的人工记录方式，物联网技术大大提高了数据采集的效率和准确性，减少了人为误差和数据丢失的风险。

（4）数据处理的深度与广度。除了基本的数据采集功能外，物联网技术还支持对采集数据进行深度处理和分析。平台可以利用大数据分析、机器学习等先进技术，对用户的低碳行为数据进行挖掘和建模，发现用户行为背后的规律和趋势。这些分析结果不仅有助于优化平台减排量的核算算法，提高核算的准确性和公正性；还能为政策制定者提供有价值的信息，助力低碳政策的制定和有效实施。

随着物联网技术的不断发展和普及，其在碳普惠体系平台中的应用前景将更加广阔。未来，我们可以期待更多创新型的智能设备被开发出来，用于捕捉更多的低碳行为数据；同时，促进平台的数据处理和分析能力不断提升，为用户提供更加个性、精准的减排建议和服务。

6.1.2.2 区块链技术的应用

区块链技术以去中心化、不可篡改、透明可追溯等特性，在碳普惠体系中发挥着至关重要的作用。平台对用户的减排数据利用区块链技术进行存证，以确保数据的真实性和可信度。区块链上的每一个数据块都包含了用户的减排行为信息、时间戳，以及前一个数据块的哈希值，形成一个完整、不可篡改的数据链条。这样，无论是用户还是第三方监管机构，都可以随时查询和验证减排数据的真实性。

（1）区块链技术的核心优势。区块链技术是一种分布式账本技术，在碳普惠体系中具有独特的核心优势，具体如表 6-3 所示。

表 6-3 区块链技术的核心优势

序号	核心优势	具体说明
1	去中心化	在传统的数据记录和管理系统中，往往有一个或多个中心机构来负责数据的存储和验证。这种中心化的模式存在数据被篡改或丢失的风险，同时也可能导致信任问题。而在区块链上，数据是分布存储在多个节点上的，没有单一的中心控制点。这种去中心化的特性使任何单一节点都无法独自修改数据，从而大大增强了数据的安全性和可信度

续表

序号	核心优势	具体说明
2	数据不可篡改	区块链上的数据一旦写入，就无法被篡改。这是因为区块链采用了哈希算法和时间戳等技术来确保数据的完整性和一致性。每个数据块（区块）都包含了前一个数据块的哈希值，形成了一条不可篡改的链条。如果有人试图修改某个数据块，那么整个链条的哈希值都会发生变化，从而被其他节点识别出来。这种技术使区块链上的数据具有极高的真实性
3	透明可追溯	区块链上的所有交易和数据都是公开透明的，任何人都可以查看和验证。同时，由于区块链具有时间戳功能，因此可以追溯每一笔交易和数据的产生时间、地点以及相关方。这种透明可追溯特性使区块链在碳普惠体系中能够确保减排数据的可信度，同时也为监管和审计提供了便利

（2）区块链技术在碳普惠体系中的具体应用。在碳普惠体系中，区块链技术的具体应用如表 6–4 所示。

表 6–4　区块链在碳普惠体系中的具体应用

序号	应用场景	具体说明
1	用户减排数据存证	平台将用户的减排数据（如步数、骑行距离、公交出行次数等）通过区块链技术进行存证。这些数据被打包成区块，并链接到区块链上，形成一个完整、不可篡改的数据链条。用户可以随时查询自己的减排数据，并通过区块链的透明特性来验证数据的真实性
2	减排量核算与积分发放	基于区块链上存储的减排数据，平台可以进行准确的减排量核算。通过预设的算法和规则，平台可以计算出用户每次的减排量，并发放相应的积分或奖励。这些积分或奖励可以在平台上进行兑换或交易，从而激发了更多用户参与低碳活动
3	第三方监管与审计	区块链的透明性和可追溯性使第三方监管机构可以方便查看和验证平台上的减排数据。这样有助于监管机构对平台进行有效的监管和审计，确保平台数据的真实性和合规性。同时，区块链的不可篡改性也让监管机构能够追溯和调查任何可能的违规行为

总之，区块链技术在碳普惠体系中的运用，不仅提高了数据的真实性和可信度，还增强了公众对体系的信任度。未来，随着区块链技术的不断发展和完善，我们有理由相信它在碳普惠体系中的应用将会更加广泛和深入。

6.1.2.3　人工智能（AI）算法的应用

为了进一步提升用户的参与度和减排效果，平台可引入人工智能算法，对用户的低碳行为进行智能分析。这些算法基于用户的历史行为数据、生活习惯、出行偏好等信息，可为用户提供个性化的减排建议。此外，人工智能算法还可以对用户的减排行为进行预测和评估，帮助用户更好地规划自己的减排目标，提高减排效率。

（1）个性化减排建议的生成。

① 历史行为数据分析。AI 算法首先会收集并分析用户的历史低碳行为数据，如步

数、骑行距离等，然后通过物联网设备实时传至平台，经过清洗、整理后形成用户的行为画像。

② 生活习惯与出行偏好识别。基于历史行为数据，AI 算法会进一步分析用户的生活习惯和出行偏好。

比如，通过分析用户的步数变化，可以推断用户的运动规律和习惯；通过分析骑行和公交出行数据，可以了解用户的出行模式和偏好路线。

③ 个性化建议推送。掌握了用户的生活习惯和出行偏好后，AI 算法会根据这些信息为用户生成个性化的减排建议。

比如，对于喜欢步行的用户，AI 算法可以推荐更合适的路线，或者基于步数提供更健康的运动计划；对于经常骑行的用户，AI 算法可以预测其出行需求，推荐更便捷的骑行路线或共享单车停放点；对于依赖公共交通的用户，AI 算法可以提供公交、地铁等交通工具的实时到站信息和最优换乘方案。

（2）减排行为预测与评估。

① 行为预测。AI 算法具有强大的预测能力，通过对用户历史行为数据的深度分析，可以预测用户减排行为趋势。这种预测能力有助于平台提前制定应对策略，优化资源配置，提高减排效率。

② 效果评估。在用户实施减排行为后，AI 算法会对实际减排效果进行评估。这种评估不只是简单的减排量计算，还包括对用户减排行为可持续性的评估。根据评估结果，AI 算法可以不断调整和优化减排建议，确保减排效果的持续性和稳定性。

（3）用户参与度的提升。

① 互动与反馈。AI 算法还具有互动与反馈机制。用户可以根据自己的实际情况对减排建议进行反馈，AI 算法也会根据反馈结果不断调整和优化建议内容。这种互动与反馈机制增强了用户的参与感和归属感，提高了用户参与减排行为的积极性和持续性。

② 激励机制。为了进一步激励用户参与减排行为，平台还可以结合 AI 算法设计激励机制。

比如，根据用户的减排贡献量，给予相应的积分奖励或实物奖励；通过排行榜、荣誉勋章等方式展示用户的减排成果。这些激励机制与 AI 算法的深度融合，使减排行为变得更加有趣且富有挑战性。

在碳普惠体系平台中，人工智能算法的应用不仅提升了用户体验，还提高了减排效果的科学性和精准性。通过深度学习和数据分析技术，AI算法能够挖掘用户行为背后的规律和潜在需求，从而为用户提供个性化、智能化的服务。

6.1.3 减排量核算与签发流程

在碳普惠体系中，减排量的核算与签发是确保整个体系可信度的关键环节。

6.1.3.1 减排量核算的基础

（1）科学的方法学。减排量的核算必须基于一套科学、合理且被广泛认可的方法学。这些方法学通常由国家或国际权威机构制定，如IPCC（政府间气候变化专门委员会）的温室气体核算指南，针对特定行业、技术的减排核算标准等，为减排量的核算提供了统一、规范的框架，确保了核算结果的可比性和准确性。

（2）数据收集。减排量的核算依赖于翔实、准确的数据。平台通过物联网设备、用户输入、第三方数据源等多种渠道收集用户的低碳行为数据，包括但不限于能源使用、出行方式、节能减排措施等。这些数据需要经过严格的校验和清洗，以确保真实性和可靠性。

6.1.3.2 减排量核算的过程

收集到足够的数据后，平台将依据科学的方法学对用户的低碳行为进行量化与评估。这一过程涉及复杂的计算和分析，旨在将用户的低碳行为转化为准确的减排量数值。评估过程需充分考虑图6-3所示的影响因素，以确保评估结果的准确性和公正性。

图6-3 评估过程中需考虑的因素

减排量的核算应遵循公正、透明、可核查的原则。平台应公开核算方法、数据来源和计算结果，接受用户和社会各界的监督和审核。同时，还应建立严格的核查机制，确保核算结果的准确性和真实性。对于任何可能的偏差或错误，平台应及时进行纠正和说明。

6.1.3.3 减排量的签发与存证

（1）电子证书或减排量凭证的生成。减排量核算完成后，平台将自动生成电子证书或凭证。这些证书或凭证是官方对用户低碳行为的认可和奖励，具有法律效力和商业价值，详细记录了用户的减排量数值、核算时间、签发机构等关键信息。

（2）区块链技术的应用。为了确保减排量证书或凭证的真实性和不可篡改性，平台通常采用区块链技术进行签发和存证。区块链技术的去中心化、不可篡改和可追溯等特点，为减排量的签发和存证提供了强有力的保障。

6.1.3.4 用户查询与验证

（1）便捷的查询方式。平台应提供便捷的查询方式，使用户能够通过官方网站、手机应用或第三方接口等随时查询自己的减排量证书或凭证。

（2）验证机制。为了增强用户的信任度，平台应建立完善的验证机制。用户可以通过输入证书编号、扫描二维码等方式验证减排量的详细信息和签发机构的认证信息。这种验证机制不仅增强了减排量证书或凭证的可信度，也提高了用户参与碳普惠体系的积极性。

6.2 方法学开发与备案

碳普惠方法学的开发和备案是一项综合性的工作，需要多方合作、充分调研和实践，并遵循相关法规和标准，以确保碳减排工作的深入开展和实施。

6.2.1 方法学开发原则与标准

方法学是碳普惠体系减排量核算的基础。方法学开发旨在准确量化、记录并核证公众的绿色低碳行为，为减排行为赋值，从而推动绿色生活方式的形成与普及。

6.2.1.1 方法学的开发原则

在开发方法学时，需遵循图6-4所示的原则，以确保准确反映不同低碳行为的减排效果。

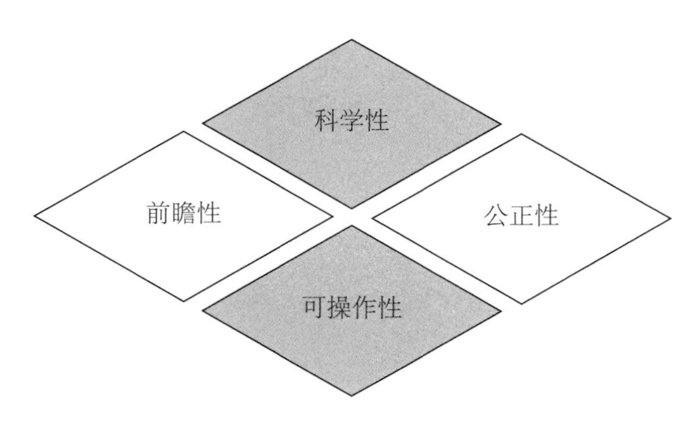

图6-4 方法学的开发原则

（1）科学性。科学性原则主要体现在表 6–5 所示的几个方面。

表 6–5　科学性原则体现的内容

序号	原则体现	具体说明
1	数据准确性	方法学应基于科学的数据支持，确保所有减排量的计算都是准确可靠的。这就要求在方法学开发过程中，充分考虑数据的来源、质量和可靠性
2	理论依据权威性	方法学应依据国际公认的温室气体核算指南（如 IPCC 指南）或国内相关标准，为减排量的核算提供坚实的理论基础
3	技术合理性	方法学应考虑不同低碳行为的技术特性和减排效果，合理反映它们的差异，确保核算结果的科学性

（2）公正性。公正性原则主要体现在表 6–6 所示的几个方面。

表 6–6　公正性原则体现的内容

序号	原则体现	具体说明
1	公平对待	方法学应公平对待所有参与碳普惠活动的个人、组织或企业，不偏袒任何一方。这要求在方法学开发的过程中，充分考虑各方利益和诉求，确保核算结果的公正性
2	透明公开	方法学的开发过程应公开透明，接受社会各界的监督和审查，确保核算结果的公正性
3	无歧视	方法学不应因地域、行业、规模等因素对减排项目进行歧视，应确保所有符合条件的减排项目都能得到公正的评价和认可

（3）可操作性。可操作性原则主要体现在表 6–7 所示的几个方面。

表 6–7　可操作性原则体现的内容

序号	原则体现	具体说明
1	简洁明了	方法学应简洁明了，易于理解和操作，便于广大用户参与，避免使用过于复杂或晦涩难懂的专业术语
2	技术可行性	方法学应考虑操作的可行性，减少过于复杂或难以实现的核算步骤，降低减排量核算的成本和难度，提高核算效率
3	成本效益	在确保准确性的前提下，方法学应尽可能降低核算成本，提高成本效益，以推动碳普惠体系的广泛应用和可持续发展

（4）前瞻性。前瞻性原则主要体现在表 6–8 所示的几个方面。

表 6-8 前瞻性原则体现的内容

序号	原则体现	具体说明
1	技术发展趋势	方法学应考虑未来低碳技术的发展趋势，预测未来可能出现的减排项目和行为
2	政策导向	方法学应具有一定的前瞻性，结合国家及地方的低碳发展政策和目标，引导减排项目向更加环保、高效的方向发展
3	可持续发展	方法学应有利于推动低碳经济的可持续发展，促进资源节约和环境保护

6.2.1.2 标准体系的建立

在碳普惠实践中，建立统一的标准体系是确保减排项目有效进行的关键环节，可以为减排项目的分类、评估、核算等提供依据。

（1）统一标准体系的必要性。

碳普惠涉及众多领域和场景，包括绿色出行、绿色生活、绿色公益、节能减排等，且不同领域的减排效果和核算方法也存在差异。因此，建立统一的标准体系有助于实现减排量的统一量化和比较。

另外，统一的标准体系能够规范碳普惠市场，避免减排量重复计算和虚假申报，从而提高碳普惠机制的可信度和公信力。

（2）标准体系的内容。

① 减排项目分类。应根据性质、特点和减排效果，将减排项目分为不同的类别，如绿色出行类、绿色生活类、绿色公益类、企业节能减排类等。每类项目都有相应的减排核算方法和评估指标，具体如表 6-9 所示。

表 6-9 减排项目的分类

序号	类别	具体说明
1	绿色出行类	包括步行、骑行、公共交通出行、新能源汽车出行等低碳出行方式。根据出行距离、交通工具类型、能耗等因素核算减排量
2	绿色生活类	包括节水、节电、节纸、垃圾分类、减少食物浪费等日常行为。根据行为改变前后的能耗和资源消耗差异核算减排量
3	绿色公益类	包括植树造林、生态修复、海洋蓝碳等生态碳汇项目。根据实际造林面积、植被恢复程度、碳汇量等因素核算减排量
4	企业节能减排类	包括清洁能源替代、能效提升、资源节约集约循环利用、负碳技术应用等项目。根据能源利用效率、资源消耗减少量、碳排放减少量等因素核算减排量

② 评估指标。明确各类减排项目的评估指标，包括减排量、减排效率、环境效益、社会效益等，可以全面反映项目的减排效果和综合效益，具体如图 6-5 所示。

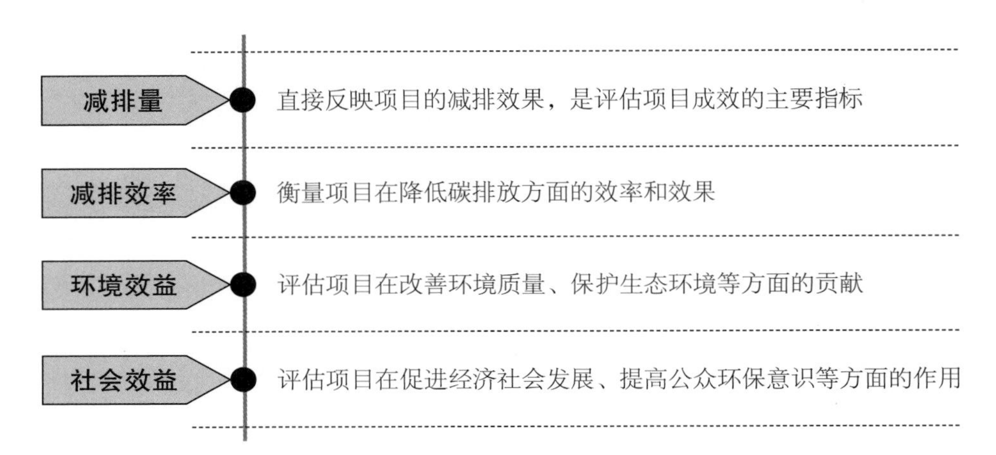

图 6-5　减排项目的评估指标

③ 核算方法。应确定详细的核算方法，包括数据的收集、处理、分析和核算等步骤。科学、合理、可操作性强的核算方法，能够准确反映项目的减排效果，如图 6-6 所示。

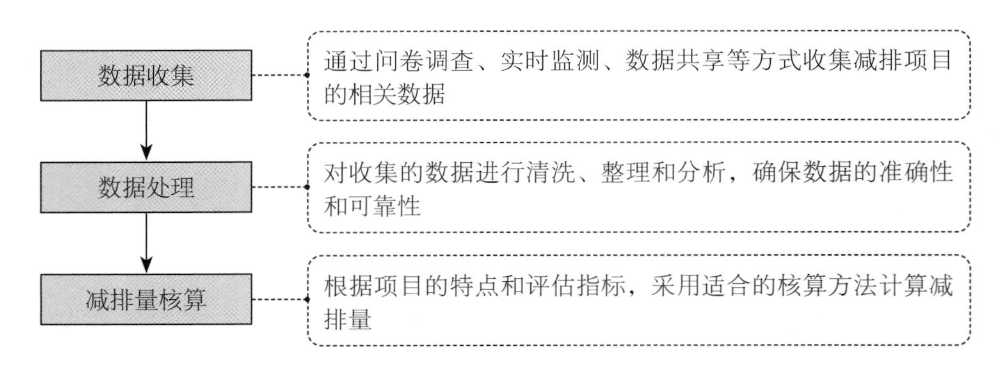

图 6-6　减排项目的核算方法

不同类别减排项目的核算方法

在碳普惠实践中，减排项目的科学分类是确保减排项目准确核算、有效管理和全面推广的基础。根据项目的性质、特点和减排效果，我们可以将减排项目细分为多个类别，每个类别都有其独特的减排机制和核算方法。

1. 绿色出行类

绿色出行类项目主要关注交通运输领域的碳排放，包括但不限于：

（1）步行与骑行。鼓励公众选择步行或骑行作为短距离出行方式，减少汽车使用，从而降低尾气排放。可根据出行距离、交通方式等因素进行减排量计算。

（2）公共交通。倡导使用公共交通工具，如公交、地铁、轻轨等，减少私家车的使用。核算时，需考虑公共交通工具的能效、载客量以及替代私家车的减排差异。

（3）新能源汽车。大力推广电动汽车、混合动力汽车等新能源汽车，降低公众对燃油车的依赖。核算时，需关注新能源汽车的电能来源（如是否来自可再生能源）、能耗以及与传统燃油车相比的减排差异。

2. 绿色生活类

绿色生活类项目聚焦日常生活中的节能减排行为，包括但不限于：

（1）节水节电。通过改变用水用电习惯，如使用节水器具、合理调节空调温度等，减少能源消耗和资源浪费。可依据节约的能源量和对应的碳减排量进行核算。

（2）垃圾分类。促进垃圾分类与回收，提高资源利用率，减少垃圾焚烧和填埋产生的温室气体排放。核算时，需考虑垃圾分类对垃圾处理方式的影响以及对应的减排量。

（3）减少食物浪费。提倡合理膳食，减少食物浪费，因为食物从生产到消费的过程中每个环节都会产生碳排放。可依据减少的食物浪费量及对应的碳足迹进行核算。

3. 绿色公益类

绿色公益类项目主要关注生态修复、植树造林等公益活动对碳汇的贡献，包括：

（1）植树造林。通过植树造林，可增加森林覆盖率，提高生态系统的固碳能力。核算时，需考虑树种的固碳能力、造林面积及成活率等因素。

（2）生态修复。对受损的生态系统进行修复，如湿地恢复、草原治理等，可以提升碳汇能力。核算时，需评估修复前后的碳汇变化量。

4. 企业节能减排类

企业节能减排类项目涉及工业生产、能源供应等多个领域，旨在通过技术创新和优化管理来实现节能减排目标，包括：

（1）清洁能源替代。推广风能、太阳能等清洁能源，减少化石燃料的使用，降低温室气体排放量。核算时，需关注清洁能源的使用量及替代化石燃料的减排量。

（2）能效提升。通过技术改造和设备升级，提高能源利用效率，减少能源消耗和碳排放。核算时，需评估能效提升前后的能源消耗量和碳排放量差异。

（3）资源节约与循环利用。支持资源节约型和环境友好型企业建设，实现资源的高效利用和循环利用。核算时，需关注资源节约和循环利用带来的减排效果。

6.2.2 减排项目与场景评估机制

在推动碳普惠发展的进程中，减排项目的真实性和有效性是整个体系公信力的保证。因此，建立全面、科学且严谨的减排项目与场景评估机制显得尤为重要。

6.2.2.1 减排项目评估机制

碳普惠减排项目评估机制包含图 6-7 所示的内容。

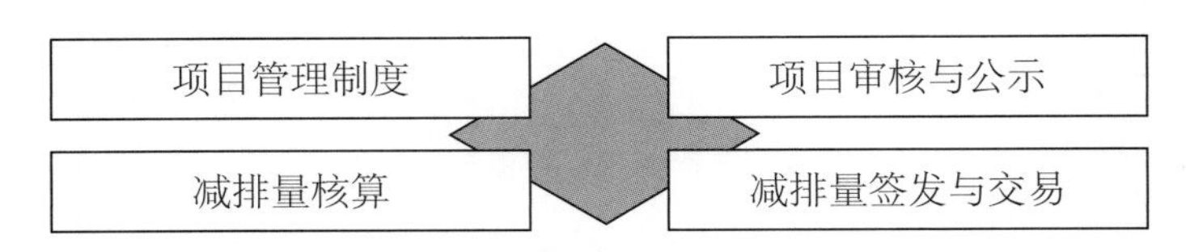

图 6-7 碳普惠减排项目评估机制包含的内容

（1）项目管理制度。应制定完善的项目管理制度，对各类碳普惠减排项目进行流程化、信息化管理，包括项目申报、审核、评估、备案、监测、报告等各个环节。同时，细化项目管理体系，完善项目减排评估机制，并制定合规合法的考核标准，确保项目的真实性和有效性。

（2）减排量核算。依据已公布的减排场景方法学或相关标准，对减排项目进行核算，确定减排量的计算边界、数据来源、监测方法等。减排量核算结果需经过第三方机构审核或专家评审，以确保其科学性和准确性。

（3）项目审核与公示。提交相关申请材料，经过形式审查、技术审核与论证、文本完善、公示等流程后，减排项目方可获得认可。审核过程中，应重点关注项目的合规性、减排效果、数据真实性等内容。

（4）减排量签发与交易。审核通过的减排项目，可进行相应的减排量签发。减排量可用于碳市场交易、政策支持、商业激励等场景，有助于推动减排量交易市场的建设，为减排项目提供政策和资金支持。

6.2.2.2 减排场景评估机制

减排场景评估机制旨在通过对不同减排场景进行量化与评估，确保减排量的真实性和有效性，为碳普惠激励机制提供数据支持。同时，引导公众和企业积极参与减排行动，推动绿色低碳生活方式的形成。

具体来说，减排场景评估机制应包含图 6-8 所示的内容。

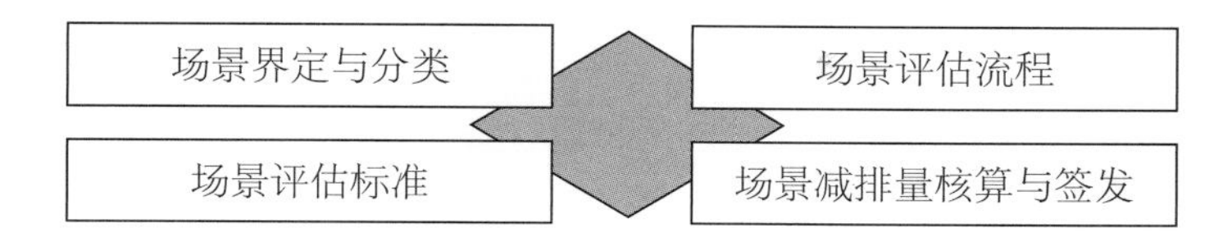

图 6-8　减排场景评估机制包含的内容

（1）场景界定与分类。明确碳普惠减排场景的定义和范围，包括商超、餐饮店、酒店、休闲场所、公共机构、金融营业网点、互联网平台等线上线下生活消费场景，并对不同场景进行分类管理，制定差异化的评估标准和要求。

（2）场景评估标准。制定碳普惠减排场景的评估标准，包括基本要求、评价指标等内容，明确减排措施的可行性、减排量的可计量性、减排效果的可持续性等问题。

评估标准应与国家相关标准、行业规范及地方政策要求相一致，以确保评估的权威性和科学性。

（3）场景评估流程。应依据已公布的评估标准开发减排场景。审核通过后还应对减排场景进行定期跟踪评估，以确保其持续符合评估标准。

（4）场景减排量核算与签发。依据减排场景方法学或相关标准，对场景内的减排量进行核算。减排量核算结果经过第三方机构审核或专家评审后，方可获得签发。减排量可用于个人碳积分账户、碳交易市场等场景，以实现价值转化。

6.2.2.3　不同场景的评估标准和流程

（1）交通出行场景的评估标准和流程。

① 交通出行场景的评估标准如表 6-10 所示。

表 6-10　交通出行场景的评估标准

序号	评估标准	具体说明
1	减排措施的有效性	评估所采取的减排措施（如公共交通、骑行、步行等）在减少碳排放方面取得的实际效果
2	参与度与普及率	考察公众对减排措施的接受程度和参与度，以及这些措施在交通出行中的普及率
3	数据监测与报告	建立有效的数据监测体系，定期报告交通出行场景的碳排放量和减排量

② 交通出行场景的评估流程如图 6–9 所示。

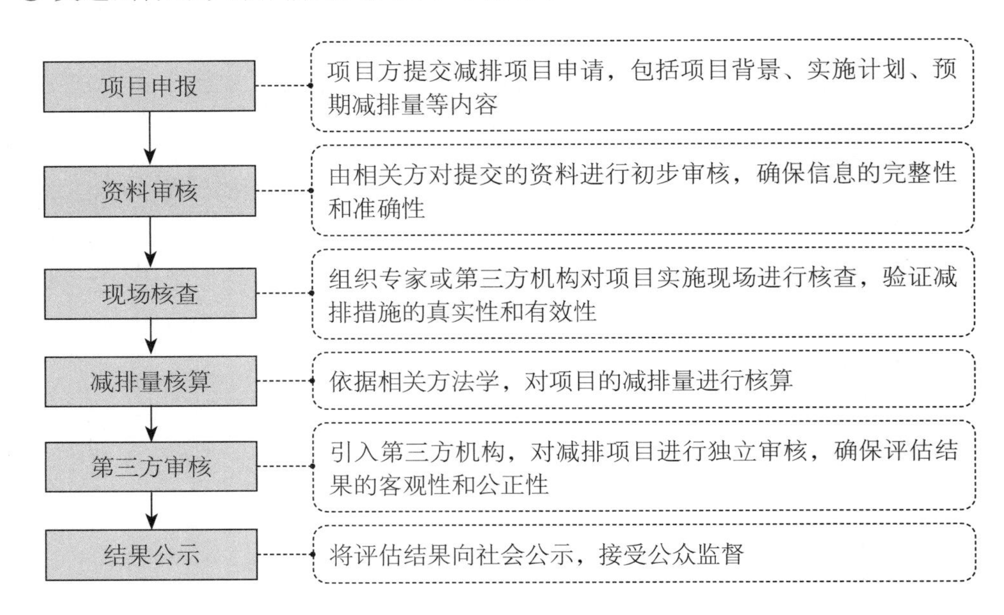

图 6–9　交通出行场景的评估流程

（2）家庭生活场景的评估标准和评估流程。

① 家庭生活场景的评估标准如表 6–11 所示。

表 6–11　家庭生活场景的评估标准

序号	评估标准	具体说明
1	节能产品使用	评估家庭使用节能产品（如节能灯、节能家电等）的比例和效果
2	能源利用效率	考察家庭的能源使用效率，如用水、用电、用气等的节约情况
3	垃圾分类与回收	评估家庭的垃圾分类和回收行为，以及回收物再利用的情况

② 家庭生活场景的评估流程如图 6–10 所示。

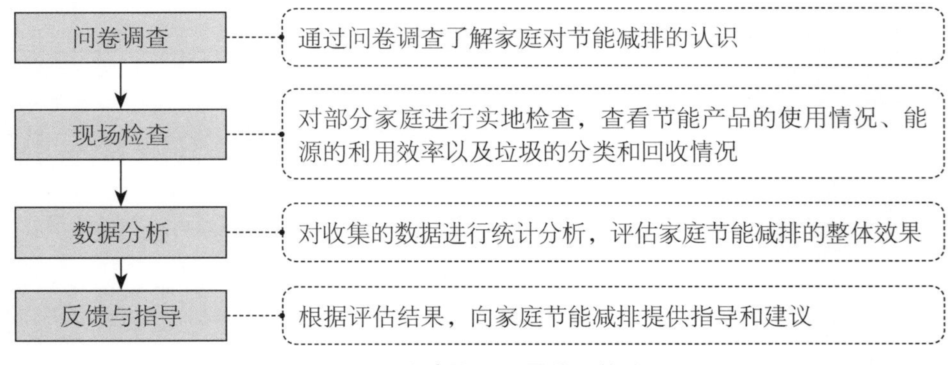

图 6–10　家庭生活场景的评估流程

（3）办公场所场景的评估标准和评估流程。

① 办公场所场景的评估标准如表 6-12 所示。

表 6-12 办公场所场景的评估标准

序号	评估标准	具体说明
1	绿色办公设施	评估办公场所中绿色设施（如节能灯具、节水器具、绿色建材等）的使用情况
2	能源管理	考察办公场所的能源管理措施，如能源审计、节能改造、能源监测等
3	低碳出行	评估员工在通勤过程中低碳出行（如公共交通、骑行、步行等）的比例和效果

② 办公场所场景的评估流程如图 6-11 所示。

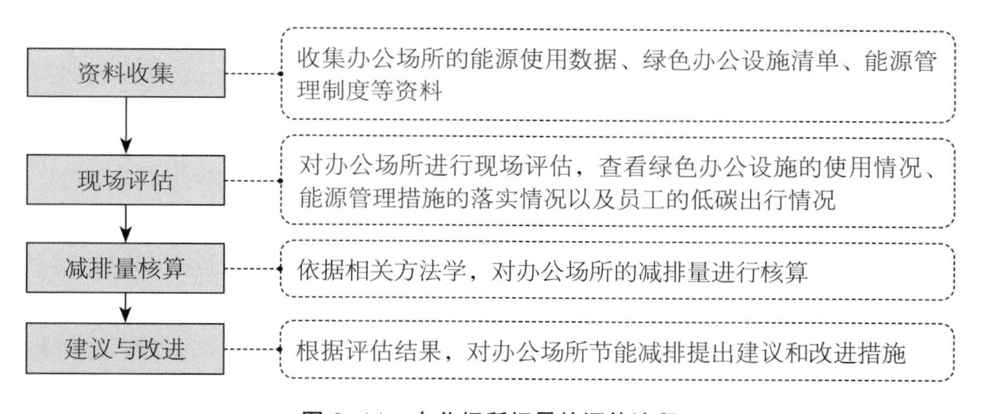

图 6-11 办公场所场景的评估流程

以上评估标准和流程仅供参考，具体实施时可根据实际情况进行调整和优化。同时，不同场景下的评估标准和流程应相互衔接、相互补充，形成完整的减排项目评估体系。

6.2.3 动态管理与评审流程

在碳普惠体系中，动态管理与评审流程是确保减排项目质量、持续提升减排效果的关键环节。这要求平台不仅要具备高效的监控能力，还应建立科学、公正的评审机制，以实现对减排项目的全面、动态管理。

6.2.3.1 动态管理的重要性

动态管理是对减排项目从启动到结束的全过程进行关注与调整。由于减排项目的实施环境、技术条件、政策导向等可能会随时间发生变化，因此，通过动态管理，可以及时发现并解决项目执行过程中出现的问题，确保减排目标顺利实现。

6.2.3.2 动态管理的措施

动态管理的措施如图 6-12 所示。

图 6-12 动态管理的措施

（1）建立项目跟踪机制。项目跟踪机制是动态管理的基础，确保了减排项目从启动到结束全程透明和可控。这一机制的实施依赖先进的信息技术手段，如大数据应用和物联网技术等。

① 大数据应用。平台通过收集并分析减排项目的海量数据，如能源消耗数据、减排量数据、项目进度报告等，构建出项目的全貌。这些数据不仅帮助平台实时掌握项目的运行状态，还能通过数据分析预测项目的发展趋势，为日后决策提供科学依据。

② 物联网技术。物联网设备如传感器、智能仪表等被嵌入减排项目的各个环节，实时监测设备的运行状态、能耗情况、减排效果等关键指标。这些实时数据通过无线网络传输到平台，使平台能够远程监控项目的进展，及时发现并解决存在的问题。

基于收集的数据和物联网监控结果，平台定期生成项目报告，总结项目的实施情况、减排成效，并分析存在的问题和面临的挑战，为后续的评审工作提供全面、翔实的资料。

（2）风险评估与预警。

① 风险评估。在动态管理过程中，平台应对减排项目进行全面、系统的风险评估，具体内容如图 6-13 所示。

技术风险评估	市场风险评估	政策风险评估
即评估项目采用的技术是否成熟、可靠，是否存在技术瓶颈或安全隐患	即分析市场需求、竞争态势等对项目的影响	即关注政策变化对项目的潜在影响

图 6-13 风险评估的内容

② 风险预警。一旦发现潜在风险，平台应立即启动预警机制，向项目方发出预警通知，详细说明风险类型、影响程度及可能的后果；同时，协助项目方制定应对措施，如调整技术方案、优化资源配置、寻求政策支持等，以降低风险对项目的影响。

（3）灵活调整策略。灵活调整策略是动态管理的核心，它要求平台根据减排项目的实际进展和外部环境变化，及时调整管理策略，以适应新的形势。

① 实时监测与反馈。平台通过项目跟踪机制和风险评估与预警机制，可实时掌握项目的运行情况和外部环境变化。这些信息会被及时反馈给管理层和决策者，为策略调整提供帮助。

② 策略调整。平台应根据监测和反馈结果，灵活调整管理策略。

比如，对于进展顺利的项目，平台可提供更多的支持，如增加资金投入、优化资源配置等，以加快项目进程；对于遇到困难的项目，平台可提供技术指导或政策扶持，帮助项目方攻克难关；对于已经不可行的项目，平台应及时终止并收回已投入的资源。

③ 持续改进。动态管理是一个持续的过程，平台应不断优化和完善管理机制和策略。通过总结经验教训、借鉴成功案例等方式，不断提升管理水平和项目成功率。

6.2.3.3 评审流程的设定与实施

（1）定期评审制度。定期评审制度是确保减排项目持续有效运行的关键。设定明确的评审周期，如每季度或每半年，让平台能够对减排项目进行系统回顾与评估。这种定期性的审查不仅可以及时发现问题，还能促进项目的持续优化和改进。

① 评审周期。评审周期的设定应综合考虑项目的复杂性、实施进度以及政策要求等因素。较短的评审周期能及时反映项目动态，但也会增加评审工作的负担；较长的周期则可能错过一些重要的变化或问题，因此，平台需要根据实际情况灵活调整评审周期。

② 评审内容。评审内容应涵盖减排项目的各个方面，包括但不限于图 6-14 所示的内容。通过全面审查，可以确保项目在多个维度上均符合预期目标。

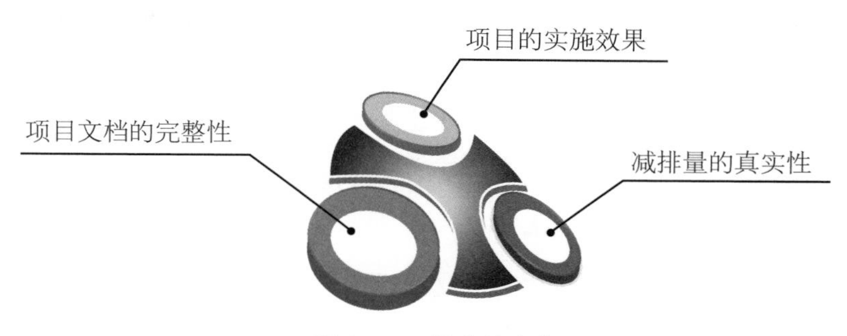

图 6-14　评审的内容

（2）评审标准与方法。评审标准与方法是确保评审公正性和科学性的基础。平台应依据国家相关政策、行业标准和减排项目的特点，制定一套既具可操作性又具权威性的评审标准。

① 评审标准。评审标准应明确、具体、可量化，以确保评审人员能够准确判断项目的合规性和成效性。同时，评审标准还应考虑项目的长期效益和可持续性，确保项目不仅在当前阶段有效，还能在未来持续发挥作用。

② 评审方法。评审方法可采用定量分析与定性评价相结合的方式，具体如图 6-15 所示。

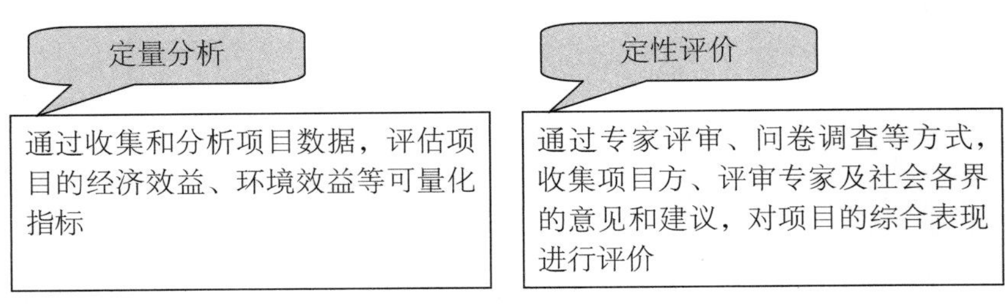

图 6-15　评审的方法

（3）评审结果。评审结果的处理是评审流程的重要环节。平台应根据评审结果采取相应的处理措施，以确保减排项目的质量和效果。

① 公示与反馈。评审结束后，平台应对评审结果进行公示，接受社会各界的监督。同时，平台还应积极收集项目方、评审专家及社会各界反馈的意见，为后续的整改和优化提供依据。

② 处理措施。评审结束后，对评审结果应采取图 6-16 所示的措施。

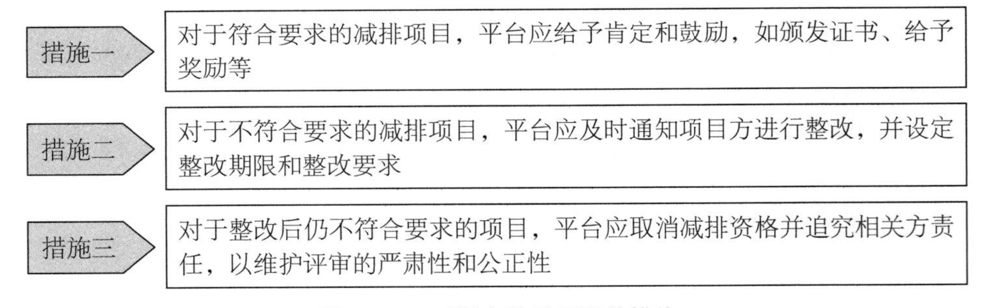

图 6-16　对评审结果采取的措施

（4）反馈与改进。反馈与改进是评审流程的持续动力。通过收集和分析各方的反馈意见，平台可以不断完善评审机制和管理流程，提高项目管理效率和质量。

① 反馈机制的建立。平台应建立健全反馈机制，鼓励项目方、评审专家及社会各界积极提出意见和建议，以作为评审流程改进的重要依据。

② 持续改进。根据反馈意见，平台应不断优化评审标准和方法，提高评审的针对性和有效性。同时，平台还应加强内部管理和培训，提升评审人员的专业素养和综合能力，确保评审工作的质量和效率。

6.3 碳普惠减排量交易与消纳

碳普惠减排量交易与消纳是指对减排行为进行记录与量化，使其可以通过交易变现或获得政策支持，从而激励更多人参与减排行动，实现个人和社会的双重受益。

6.3.1 减排量交易

碳普惠是我国多层次碳市场体系的重要补充，将个人和中小企业的低碳行为量化为碳减排量后，可通过交易等方式实现价值变现。也就是说，通过碳普惠获得的减排量可以在一定条件下进行交易。

6.3.1.1 减排量交易的方式

减排量交易，特别是在碳市场中进行交易，可以促进温室气体减排量的有效流通和配置。图 6-17 所示是减排量的主要交易方式。

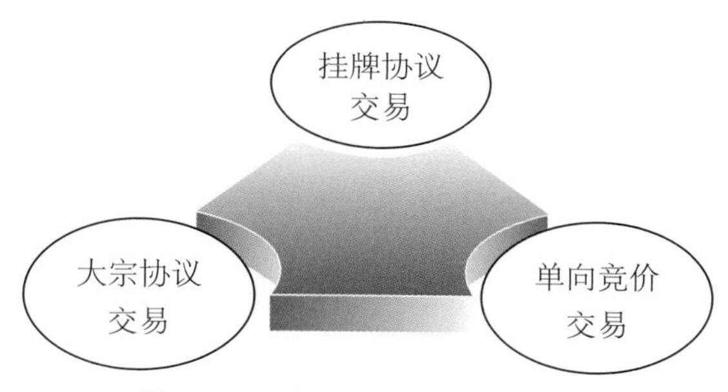

图 6-17 减排量的主要交易方式

（1）挂牌协议交易。挂牌协议交易是指交易主体提交买入或卖出申请，明确交易标的的数量和价格，对手方通过实时查看挂牌列表，以价格优先的原则，在申报大厅摘牌并成交的交易方式。该方式的交易过程透明，价格由市场供求关系决定，有助于形成公平的市场交易氛围。

挂牌协议交易通常实行涨跌幅度限制，如当日涨跌幅度为基准价的 ±10%，以控制市场风险。

（2）大宗协议交易。大宗协议交易是指符合单个交易标的特定数量条件的交易主体之间，在交易系统内协商达成一致，通过交易机构确认完成交易的方式。该方式的交易量大，灵活性高，可满足大型减排项目或企业的交易需求。

大宗协议交易的涨跌幅度限制可能高于挂牌协议交易，如涨跌幅度可为当日基准价的 ±30%，以适应大额交易的市场需求。

（3）单向竞价交易。单向竞价交易包括单向竞买和单向竞卖两种方式。报价方在限定时间内按照确定的单向竞价成交规则，将交易标的出让给竞价成功的单个或多个应价方，或从竞价成功的单个或多个应价方受让交易标的。该方式交易速度快，价格由竞价结果决定，有助于实现高效的市场交易。交易时段由交易机构公告，可以适应不同市场的交易需求。

随着碳市场的不断发展和完善，还可以引入其他符合规定的交易方式，如碳期货、碳期权等金融衍生品，进一步丰富碳市场的交易。

6.3.1.2 减排量交易的流程

减排量交易一般包括图 6-18 所示的步骤。交易主体应严格遵守交易规则和流程，以确保交易活动的合法性和合规性。

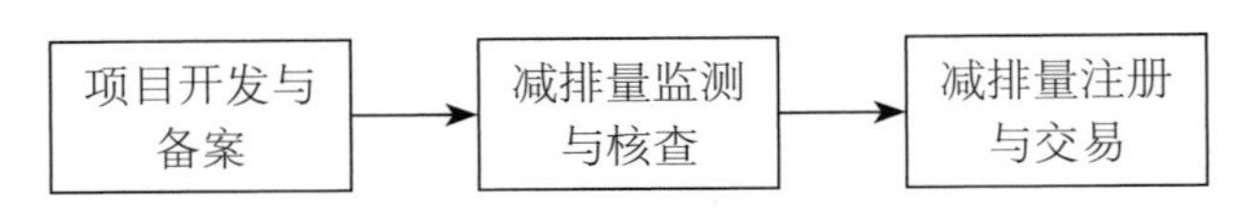

图 6-18　减排量交易步骤

（1）项目开发与备案

① 项目开发的实施要点具体如表 6-13 所示。

表 6-13　项目开发的实施要点

序号	实施要点	具体说明
1	选择项目	识别和选择具有显著减排潜力的项目，包括清洁能源（如太阳能、风能）、能效提升（如节能建筑、工业节能改造）、碳捕捉与封存等领域
2	可行性分析	对项目进行详细的可行性分析，包括技术可行性、经济可行性、环境效益评估等，以确保项目能够实现预期的减排效果并可持续发展

② 项目备案的实施要点具体如表 6-14 所示。

表 6-14　项目备案的实施要点

序号	实施要点	具体说明
1	提交申请	项目开发者需向国家或地方碳交易主管部门提交项目备案申请，通常包括项目概况、减排量计算方法学、减排量预测报告、项目实施方案等资料
2	审核与批准	由主管部门对申请材料进行审核，评估项目的合规性、减排潜力和数据质量。审核通过后，项目获得备案资格，进入减排量监测与核查阶段

（2）减排量监测与核查

① 减排量监测的实施要点具体如表 6-15 所示。

表 6-15　减排量监测的实施要点

序号	实施要点	具体说明
1	数据收集	项目实施期间，需要定期收集与减排量相关的数据，如能源消费量、生产量、排放量等。这些数据应通过可靠的监测系统进行实时或定期记录
2	质量控制	确保收集到的数据质量可靠，并采用标准化的监测方法和流程，避免数据失真或错误

② 减排量核查的实施要点具体如表 6-16 所示。

表 6-16　减排量核查的实施要点

序号	实施要点	具体说明
1	第三方核查	委托具有资质的第三方核查机构对项目减排量进行独立核查。核查机构应按照规定的核查方法对项目数据进行审核，确保减排量的真实性和准确性
2	核查报告	核查机构出具核查报告，详细说明核查过程、发现的问题及建议，并给出最终的减排量确认结果

（3）减排量注册与交易

① 减排量注册的实施要点具体如表 6-17 所示。

表 6-17　减排量注册的实施要点

序号	实施要点	具体说明
1	注册申请	项目开发者根据核查报告的结果，向碳交易主管部门提交减排量注册申请。申请材料包括核查报告、减排量计算报告等
2	注册登记	主管部门对申请材料进行审核，确认减排量的真实性和准确性后，在碳交易系统中对减排量进行注册登记，生成唯一的减排量序列号

② 减排量交易的实施要点具体如表 6-18 所示。

表 6-18　减排量交易的实施要点

序号	实施要点	具体说明
1	交易平台	减排量通常在碳交易市场上进行交易，交易主体包括政府、企业、投资者等。交易市场提供交易平台，方便交易主体进行交易撮合和资金结算
2	交易方式	交易方式包括挂牌协议交易、大宗协议交易、单向竞价交易等。交易主体根据自身需求和市场情况选择合适的交易方式
3	交易价格	交易价格由市场供求关系决定，受多种因素影响，如政策导向、减排成本、市场需求等

6.3.1.3　减排量交易的注意事项

在交易过程中，应加强市场监管和风险防范，防止虚假交易和违规操作发生。同时，应推动技术创新和国际合作，提高减排项目的效率和效益，降低减排成本。

（1）市场监管与风险防范。在减排量交易过程中，市场监管是确保市场健康、有序运行的关键。这就要求相关主管部门建立健全监管机制，加强对交易主体的资格审核、交易行为的实时监控以及交易数据的核查验证，具体措施如表 6-19 所示。

表 6-19　市场监管与风险防范措施

序号	措施	具体说明
1	设立监管机构	成立专门的监管机构或部门，负责碳市场的日常监管工作，包括制定监管政策、执行监管措施、处理违规行为等
2	完善法律法规	建立健全碳交易相关的法律法规体系，明确交易主体的权利与义务，规范交易行为，为市场监管提供法律支撑
3	强化信息披露	要求交易主体及时、准确、完整地披露交易信息，包括减排项目的详细信息、减排量的计算方法、交易价格等，以便监管部门和公众进行监督
4	建立风险预警机制	利用大数据、人工智能等现代信息技术手段，建立风险预警系统，对交易过程中可能出现的风险进行实时监测和预警，并及时采取措施防范和化解

（2）防范虚假交易与违规操作。防范虚假交易和违规操作的措施如表 6-20 所示。

表 6-20　防范虚假交易与违规操作的措施

序号	措施	具体说明
1	加强核查与审计	对减排项目的真实性、减排量的准确性进行严格核查与审计，确保交易标的的真实性和合法性
2	加大处罚力度	对发现的虚假交易和违规操作行为，要依法依规进行严厉处罚，提高违法成本，形成强大的震慑力
3	制定举报奖励制度	鼓励社会公众和媒体积极参与监督，对举报虚假交易和违规操作行为的有功个人或单位给予奖励

（3）推动技术创新与国际合作。技术创新和国际合作是提高减排项目效率和效益、降低减排成本的重要途径。

① 技术创新。应鼓励和支持减排技术的研发和应用，特别是清洁能源、能效提升、碳捕捉与封存等关键技术，提高项目的减排效果和经济效益，降低减排成本。

② 国际合作。应加强与国际社会进行交流与合作，学习国际先进经验和技术，引进国际资本和技术支持。同时，积极参与国际碳市场建设，推动全球碳减排事业的共同发展。

6.3.2　减排量消纳

减排量消纳是指将碳普惠机制下产生的减排量，通过市场交易、政府购买、企业间协议转让、碳抵消等多种方式，实现实际减排效果或经济价值的转化。

6.3.2.1　减排量消纳的意义

减排量消纳具有图 6-19 所示的意义。

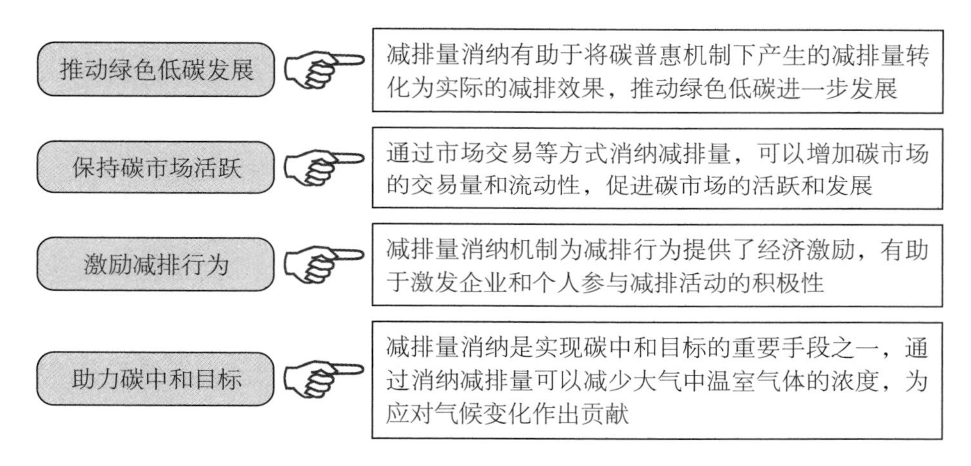

图 6-19　减排量消纳的意义

6.3.2.2　减排量消纳的方式

减排量消纳的方式主要有表 6-21 所示的几种。

表 6-21　减排量消纳的方式

序号	方式	具体说明
1	碳市场交易	减排量可以在国家或地区的碳交易市场上进行买卖。企业碳排放如果超出配额，可以选择购买其他企业或项目产生的减排量来抵消。这种方式不仅有助于促进企业实现碳排放合规，还能激励更多企业参与减排活动
2	政府购买	政府为了支持低碳环保事业或实现自身的碳中和目标，可以直接购买减排量。这种购买行为为减排项目提供了资金支持，可促进减排技术的研发和应用

续表

序号	方式	具体说明
3	企业间协议转让	企业之间可以通过协议方式转让减排量。例如，高耗能、高排放的企业可向低碳、环保的企业购买减排量，以满足其碳排放配额的要求。这种方式有助于企业间碳排放平衡和资源配置优化
4	碳抵消项目	个人或企业可以通过参与碳抵消项目来消纳减排量。例如，植树造林、可再生能源项目等，能够减少大气中温室气体的浓度。参与者可以通过购买减排量来支持这些项目，从而实现碳中和
5	绿色金融与碳金融产品	金融机构可以开发基于减排量的金融产品，如碳期货、碳期权、绿色债券等。这些产品为减排量持有者提供了更多的投资渠道和风险管理工具，同时也为减排量的消纳提供了资金支持
6	公益注销	可以鼓励市场主体基于公益目的自愿注销其所持有的林草碳普惠减排量。这种方式虽然不直接产生经济价值，但有助于提升公众的环保意识和参与度，并促进低碳生活方式的普及

6.3.2.3 碳减排量消纳的措施

碳减排量消纳的措施主要包括表 6–22 所示的几个方面。

表 6–22 减排量消纳的措施

序号	措施	具体说明
1	提升能源效率	（1）采用先进的节能技术和设备，如节能家电、LED 照明灯、节能型建筑等，减少能源消耗和碳排放 （2）推动能源结构向低碳、无碳方向转变，增加可再生能源如太阳能、风能、水能等的占比，降低化石能源的使用比例
2	发展清洁能源	（1）积极建设风电、光伏等清洁能源项目，提高它们的发电能力和利用效率 （2）通过建设电力输送架道、优化电网调度等方式，确保清洁能源能够充分消纳，减少弃风弃光现象
3	优化产业结构	（1）鼓励高耗能、高排放产业进行技术改造和升级，降低能源消耗和碳排放强度 （2）积极培育和发展低碳环保产业，如新能源、新材料、节能环保材料等，推动经济绿色低碳转型
4	建立碳交易市场	（1）建立健全碳交易市场体系，通过市场机制激励企业和个人积极减排 （2）政府可以通过税收优惠、补贴等政策手段引导企业和个人参与碳交易，同时加强碳交易市场的监管和执法力度，确保市场交易公平、公正、透明

续表

序号	措施	具体说明
5	加强碳减排技术研发与创新	（1）政府和企业应加大对碳减排技术的研发投入，推动技术创新和突破 （2）加强与国际社会的合作与交流，共同应对气候变化的挑战，分享碳减排技术的研发成果和经验
6	提高公众环保意识与参与度	（1）通过媒体、网络等多种渠道加强环保宣传，提高公众的环保意识和参与度 （2）鼓励公众采取低碳的生活方式，如节约用电用水、减少一次性产品的使用等，共同为碳减排贡献力量
7	实施碳汇项目	（1）通过植树造林、森林保护等措施增加碳汇量，以吸收大气中的二氧化碳 （2）推广生态农业模式，减少化肥农药的使用，增加土壤的碳储量

第 7 章

碳普惠实施路径

7.1 个人减排场景开发与接入

在碳普惠体系的建设中，个人减排场景的开发与接入是至关重要的一环。这一过程不仅涉及对个人低碳行为的精准识别与量化，还包括构建完善的个人碳账户体系，以及制定科学、高效的减排场景申报与评估流程。

7.1.1 个人低碳行为识别与量化

个人低碳行为的识别，不仅是对环保行为的简单列举，更是对日常绿色可持续生活方式的一种深入理解和倡导。

7.1.1.1 低碳行为的识别

低碳行为是指那些能够减少温室气体特别是二氧化碳气体排放的个人活动或选择。这些行为通常与节约能源、资源循环利用、减少污染等方面紧密相关，具体如表 7-1 所示。

表 7-1 常见的低碳行为

序号	行为类别	具体说明
1	交通出行	（1）选择公共交通工具：地铁、公交、共享单车等，相比私家车，能显著减少交通拥堵和尾气排放 （2）骑行或步行：短途出行时选择骑行或步行，不仅锻炼了身体，还避免了碳排放 （3）拼车或共享出行：通过拼车软件或共享汽车服务，减少每趟行程的车辆数量，从而降低碳排放
2	日常消费	（1）减少一次性用品的使用：转而使用可重复利用的替代品，能减少垃圾产生和资源浪费

续表

序号	行为类别	具体说明
2	日常消费	（2）购买环保产品：选择包装简单、可回收或可生物降解的产品，支持环保企业和产品 （3）节水节电：在日常生活中注意节约用水用电，如使用节能灯具、合理调节空调温度、及时关闭不必要的电源等
3	垃圾处理	（1）垃圾分类与回收：正确分类垃圾，促进资源循环利用，减少垃圾填埋和焚烧产生的温室气体 （2）减少垃圾产生：通过减少购买、避免浪费等方式，从源头上减少垃圾产生
4	绿色居住	（1）使用节能家电：选择节能冰箱、洗衣机、空调等，降低家庭能耗 （2）绿色装修：选择环保材料，减少甲醛等有害气体的排放 （3）绿化家居：通过养花种草等方式，增加室内绿色植物数量，改善空气质量

为了更系统地识别和推广低碳行为，可以建立一份低碳行为清单，涵盖上述各个方面，并根据实际情况不断更新和完善。通过广泛的社会调研和数据分析，可以了解公众对低碳行为的认知度和接受度，为后续的量化工作和政策制定提供依据。

7.1.1.2　低碳行为的量化

识别出具体的低碳行为后，还需要对这些行为进行量化处理。量化低碳行为的关键在于确定每种行为所产生的碳减排量，通常需要借助专业的碳排放计算工具或方法学，结合具体的行为数据和排放因子进行计算。通过量化低碳行为，可以更直观地了解个人行为对碳减排的贡献程度，从而激励更多人参与低碳行动。

7.1.2　个人碳账户体系建立

个人碳账户体系建立的步骤如图7–1所示。

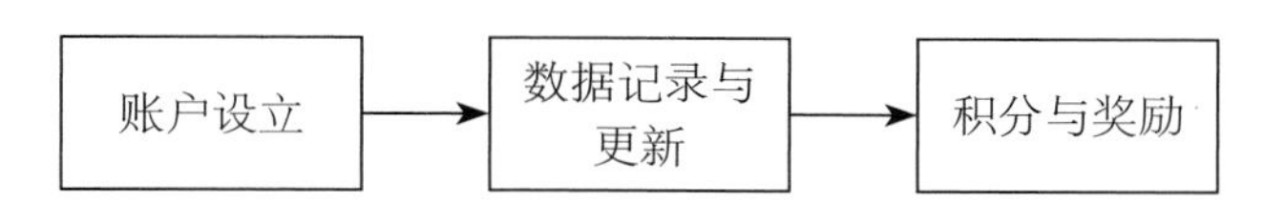

图7–1　个人碳账户体系建立的步骤

7.1.2.1　账户设立

个人碳账户是记录个人碳排放与减排量的重要载体。在碳普惠体系中，每个参与减排的个人都应拥有一个独立的碳账户，包含个人基本信息、碳排放记录、减排量记录以及相应的积分或奖励信息等内容。

7.1.2.2　数据记录与更新

为了确保个人碳账户数据的准确性和时效性，需要建立完善的数据记录与更新机制。一方面，通过技术手段（如智能手机 APP、物联网设备等）自动采集和记录个人的低碳行为数据；另一方面，鼓励个人主动上报减排行为，审核后将其计入个人碳账户。同时，还需要定期对账户数据进行核对和更新，确保数据的准确性。

7.1.2.3 积分与奖励

为了激励个人积极参与减排行为，可以将减排量转化为积分或奖励。这就需要制定科学合理的积分兑换规则，允许个人使用积分兑换商品、优惠券、服务或参与公益活动等，以提高个人参与减排活动的积极性。

7.1.3 减排场景申报与评估

7.1.3.1 减排场景申报

减排场景主体应按照相关规定提交申报材料，包括减排场景基本信息、减排行为清单、减排量核算方法、数据监测与报告方案等。申报材料应真实、准确、完整，并符合相关标准和要求。

7.1.3.2 减排场景评估

收到申报材料后，相关部门将组织专家对减排场景进行评估。评估内容主要包括图 7-2 所示的几个方面。

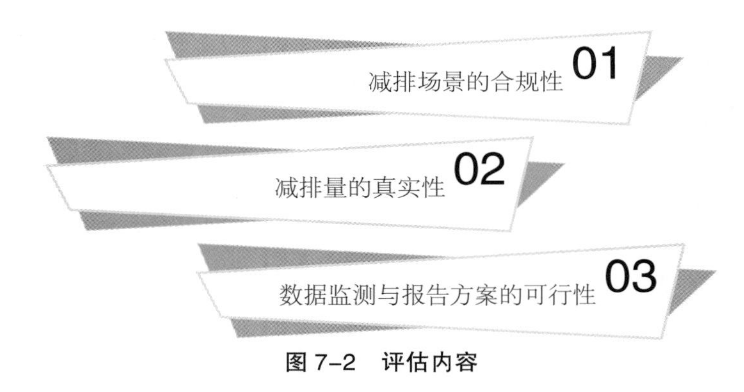

图 7-2 评估内容

评估过程中，应采用定量分析与定性分析相结合的方法，确保评估结果的客观性和公正性。评估结果是减排场景能否成功接入碳普惠体系的重要依据。

7.1.3.3 接入与运营

对于评估通过并成功接入碳普惠体系的减排场景，应按照相关要求进行运营和维护。减排场景申请主体需按照减排场景方法学开展减排行为的监测、报告和核查工作，确保减排量的真实性和准确性。同时，加强与碳普惠管理运营平台的沟通与协作，实现数据的实时传输和共享。在运营过程中，还需根据市场变化和用户需求不断调整和优化减排场景的设置和服务内容，提高减排效果和用户体验。

7.2 企业与社区减排项目支持

在推动整个社会碳减排的过程中，企业与社区作为两大关键主体，其减排成效直接影响碳减排目标的实现。因此，加强对企业与社区减排项目的指导与支持，成为促进绿色低碳发展的重要途径。

7.2.1 企业节能改造与低碳管理

7.2.1.1 节能改造推广

在全球气候变化和能源日益紧张的背景下，节能减排已成为各国政府和企业共同关注的焦点。企业为了发展，能源消耗量巨大，对环境的影响也最为显著。因此，推动企业进行节能改造，减少能源消耗和碳排放，对于实现可持续发展目标具有重要意义。

（1）政府及相关机构的角色。在推动企业节能改造的过程中，政府及相关机构扮演着表 7-2 所示的角色

表 7-2 政府及相关机构的角色

序号	扮演角色	具体说明
1	政策制定	制定明确的节能改造政策，包括财政补贴、税收优惠、融资支持等，以及相关的法律法规和标准，为企业的节能改造提供政策保障和法律依据
2	资金扶持	通过设立专项基金、提供低息贷款、给予税收减免等方式，支持企业节能改造项目的实施
3	技术指导	组织专家团队为企业节能改造提供技术咨询、方案设计、施工指导等服务，帮助企业选择适合自身情况的节能技术和设备
4	宣传推广	通过媒体宣传、举办展览等方式，提高社会各界对节能改造的认识和重视程度，营造良好的节能氛围

（2）节能改造的措施。对于企业来说，采用表 7-3 所示的措施，可以降低能耗、提高能效，达到节能改造的目的。

表 7-3　节能改造的具体措施

序号	节能措施	具体说明
1	采用高效节能设备	替换老旧、低效的能源设备，使用高效电机、节能灯具、变频空调等，以降低设备的能耗水平
2	优化资源结构	根据企业的生产特点和能源需求，合理调整资源结构，增加可再生资源的使用比例，减少化石能源的消耗
3	建立能源管理体系	建立完善的能源管理体系，包括能源计量、监测、分析、考核等环节，实现对能源使用全过程的管理，提高能源利用效率
4	开展节能技术改造	针对企业的生产工艺和流程，进行节能技术改造，如余热回收、蒸汽梯级管理、采用节能型建筑材料等手段，减少能源消耗和排放

（3）节能改造的效益。通过采取以上节能措施，可带来图 7-3 所示的效益。

经济效益

通过节能改造，企业可以降低能源消耗成本，提高产品竞争力，增加经济效益。同时，政府提供的财政补贴和税收优惠等激励措施，也进一步降低了企业的改造成本

环境效益

节能改造有助于企业减少碳排放和其他污染物排放，改善环境质量，促进生态文明建设

社会效益

节能改造的推广和实施，有助于形成全社会节能减排的良好风尚，提高公众的环保意识和参与度，推动绿色低碳模式的发展

图 7-3　企业节能改造的效益

7.2.1.2　低碳管理体系建设

除了硬件设施改造升级外，企业还应建立健全低碳管理体系，将低碳理念融入企业运营的各个环节，包括制定低碳发展战略、建立碳排放监测与报告制度，开展碳足迹核算与评估，实施绿色供应链管理等。通过低碳管理体系的建设，企业可以系统地识别减排潜力，制定有效的减排措施，并持续改进环境绩效。

（1）制定低碳发展战略。低碳发展战略是企业整体发展战略的重要组成部分，旨在引导企业在未来以低碳、环保、可持续的方式开展经营活动。企业在制定低碳发展战略时，需注意图 7-4 所示的两点。

明白自身的碳排放现状，结合行业发展趋势和政策导向，制定切实可行的低碳发展目标和行动计划

考虑如何将低碳理念融入企业的文化建设、技术研发、产品开发、市场开拓等各个环节，确保低碳战略有效实施

图 7-4　企业制定低碳发展战略的注意事项

（2）建立碳排放监测与报告制度。碳排放监测与报告制度是企业低碳管理体系的基础。通过建立健全碳排放监测体系，企业可以实时、准确地掌握自身的碳排放情况，在制定减排措施和评估减排效果等方面获得强大的数据支持。碳排放监测体系应包括图7-5所示的环节。

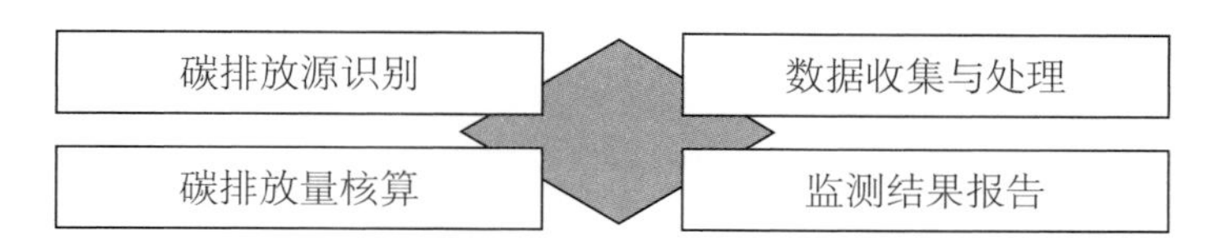

图7-5　碳排放监测体系包括的环节

同时，企业还应建立定期报告制度，向政府、投资者、消费者等利益相关方公开披露碳排放信息，接受社会的监督。

（3）开展碳足迹核算与评估。碳足迹核算与评估是企业识别减排潜力和制定减排措施的重要工具。对产品或服务从原材料采购、生产制造、运输配送、使用消费到废弃处理的全生命周期进行碳足迹核算，企业可以清晰地了解不同环节的碳排放情况，进而识别出减排的重点领域和关键环节。在此基础上，企业还可以进一步开展碳足迹评估，分析减排措施的实施效果，持续优化减排策略。

（4）实施绿色供应链管理。绿色供应链管理是企业低碳管理体系的重要内容，要求企业在采购、生产、物流、销售等各个环节，充分考虑环境因素，选择低碳环保的供应商和产品，并优化物流运输方式，减少包装废弃物等。通过实施绿色供应链管理，可以推动整个企业供应链的低碳化转型，实现上下游企业协同减排。同时，绿色供应链管理也有助于提升企业的品牌形象和市场竞争力。

（5）持续改进环境绩效。持续改进环境绩效是企业低碳管理体系的核心目标。为了实现这一目标，企业需要建立一套完善的环境绩效管理体系，包括确定环境绩效指标、建立考核机制、开展绩效评估和持续改进等环节。通过持续的绩效评估和改进活动，企业可以及时发现和解决环境管理中存在的问题，不断提升自身的环境绩效水平。同时，企业还应加强与政府、行业协会、科研单位等外部机构的合作与交流，借鉴其先进经验和技术手段，推动低碳管理体系的不断完善和创新。

相关链接

制造业企业供应链管理水平提升指南（试行）
（节选）

五、健全企业绿色供应链体系

绿色供应链即在产品设计、原材料和零部件选取、生产制造、包装、仓储运输、销售使用、报废回收等供应链全过程中，融入环境保护和资源节约理念、技术，识别各环节绿色属性并进行有效管理，最小化全过程环境影响，最大化资源利用效率。

（十一）大力推动绿色供应链设计。企业应将低碳化、循环化理念融入供应链设计全过程。优先选择可再生、可降解等绿色材料，逐步减少非绿色材料种类和使用量。积极应用绿色设计技术，加快开发更多具有高可靠性、易包装运输、易拆卸回收及全生命周期资源能源消耗少、污染物排放小的绿色产品，逐步提高绿色产品供给。推动包装减量化、可回收，推广使用可循环运输包装。优化物流组织模式，加快标准托盘、周转箱（筐）等物流载具推广应用和循环共用，提升清洁能源车船应用比例。

（十二）积极开展绿色采购。企业应践行绿色采购理念，按照有关绿色产品认定和评价标准，制定完善绿色采购管理制度，逐步提高绿色采购比例。鼓励企业开展绿色供应商管理，评定一批绿色供应商名单。鼓励供应链主导企业定期开展绿色采购培训，引导供应商绿色化发展。

（十三）深入推进清洁生产。企业应优先选用绿色工艺、技术和设备，降低生产过程资源能源消耗和污染物排放强度。高耗能企业应建立能源管理中心，实现能源管理精细化。推行循环生产方式，促进固体废物综合利用、能量梯级利用、水资源循环利用，提升再生资源综合利用水平，实现生态链接、原料互供、资源共享。落实生产者责任延伸制度，通过自主回收、联合回收、委托回收等方式建立废旧物资逆向回收体系。鼓励有条件的企业围绕传统机电产品、高端装备、在役装备等领域，大力发展再制造产业，加强再制造产品推广应用。

（十四）开展产品碳足迹核算。供应链主导企业要积极探索开展产品碳足迹核算，牵头或参与制定或修订行业碳足迹核算规则标准。鼓励供应链上下游企业开放共享碳排放数据。鼓励大型企业联合行业协会等加大培养碳足迹核算人才力度，面向行业提供技术咨询服务，提升行业碳足迹核算能力。鼓励有条件的行业建立产品环境声明（EPD）平台，对外披露碳足迹等环境影响情况，推动上下游产业实现互认和采信。

7.2.1.3 激励与约束机制

为了激发企业参与低碳行动的积极性，政府应建立健全激励与约束机制。

（1）激励机制。政府可通过设立低碳奖励基金，给予绿色信贷支持、税收优惠与减免等方式，对在低碳领域表现突出的企业进行表彰和奖励，具体如表 7-4 所示。

表 7-4 激励机制

序号	激励机制	具体说明
1	设立低碳奖励基金	低碳奖励基金是一种经济激励手段，旨在鼓励企业采取低碳技术，实施节能减排项目，达成特定的低碳目标。政府或行业协会可以设立此类基金，通过定期评估，对低碳表现突出的企业给予资金奖励。这些奖励不仅可以直接抵减企业的低碳项目成本，还可以作为企业的荣誉，提升企业的品牌形象和市场竞争力
2	绿色信贷支持	绿色信贷是指金融机构向低碳、环保、可持续发展的项目提供的优惠贷款服务。为了鼓励企业参与低碳行动，政府可以联合金融机构推出绿色信贷政策，为符合条件的低碳项目提供低利率、长期限的贷款支持。这不仅可以降低企业的融资成本，还可以引导资金流向低碳领域，促进低碳技术的研发和应用
3	税收优惠与减免	政府还可以通过税收优惠和减免政策来激励企业参与低碳行动，例如，对采用低碳技术的企业给予所得税减免、增值税优惠等；对节能减排效果显著的企业给予税收返还或奖励。这些政策可以降低企业的税负，增加企业的盈利空间，从而提高企业参与低碳行动的积极性

（2）约束机制。政府应加强对企业碳排放的监管与执法力度，对超标排放的企业进行处罚并要求其整改，以形成有效的约束机制，具体如表 7-5 所示。

表 7-5 约束机制

序号	约束机制	具体说明
1	碳排放监管	建立健全碳排放监管体系是形成有效约束机制的关键。政府应制定严格的碳排放标准和监测方法，对企业进行定期或不定期的碳排放监测和核查。通过建立碳排放数据平台，可实现碳排放数据的实时上传、共享和公开，提高碳排放监管的透明度和公正性
2	超标排放处罚	对于超标排放的企业，政府应依法依规进行处罚。处罚措施可以包括罚款、责令停产整顿、吊销排污许可证等。通过加大处罚力度，可提高企业违法成本，形成有效的震慑。同时，政府还可以建立企业环境信用评价体系，将企业的环境信用与企业的融资、税收、市场准入等挂钩，形成跨部门、跨领域的联合惩戒机制
3	公众监督与参与	公众监督与参与是有效约束机制的重要补充。政府应鼓励公众参与低碳行动和环境保护事业，通过制定举报奖励制度、开展环保宣传教育活动等方式，提高公众的环保意识和参与度。同时，还应及时公开企业的碳排放信息和环保状况，让社会公众进行监督。通过公众的广泛参与和监督，可以形成强大的社会压力，推动企业更加积极地履行环保责任

7.2.2 社区低碳生活倡导与实践

推动社区“低碳化”，是城市减排的重要落脚点，也是控制碳排放、推进碳达峰碳中和的重要支撑点。为此，政府应倡导广大居民践行绿色低碳生活观念和消费理念，推动实现“双碳”目标。

7.2.2.1 低碳生活理念普及

社区是社会的基本单元，社区低碳生活氛围的营造对于提升居民环保意识、促进居民养成低碳行为习惯具有重要意义。因此，应加强对社区居民进行低碳生活理念的宣传，通过举办讲座、展览等方式，向居民介绍低碳生活的重要性和实践方法，引导居民树立绿色消费观和资源节约观。

（1）社区角色的重要性。社区是居民日常生活的重要场所，也是信息传播、文化交流的重要平台。在社区层面推广低碳生活理念，能够有效触达每一位居民，形成广泛而深远的影响。社区不仅能通过组织活动，直接向居民传递低碳知识；还能通过居民之间的相互交流，进一步扩大低碳生活的影响力。

（2）低碳生活理念普及的必要性。随着全球气候变暖的加剧和资源环境压力的增大，低碳生活已成为大势所趋。低碳生活理念倡导的是一种以减少能源消耗、降低碳排放为目标的生活方式，它关乎每个人的生活质量，也关乎地球环境的未来。因此，普及低碳生活理念，提高居民的环保意识和行动能力，是应对气候变化、实现可持续发展的关键。

（3）低碳生活理念的普及措施，如表 7-6 所示。

表 7-6 社区低碳生活理念的普及措施

序号	普及措施	具体说明
1	举办讲座与研讨会	可邀请环保专家、学者或具有实践经验的社区居民，对低碳生活的理念、方法、技巧等知识进行讲解。通过举办讲座和研讨会，可帮助居民深入了解低碳生活的内涵和意义，激发他们参与低碳行动的热情
2	开展低碳生活展览	可在社区公共场所设置低碳生活展览区，展示节能产品、环保家居、绿色出行等方面的内容。通过直观的展示，可让居民感受到低碳生活的实际效果和美好前景，从而激发他们的参与热情
3	组织宣传活动	可利用社区公告栏、宣传栏、微信群等平台，发布低碳生活相关知识、案例和提示信息。同时，还可以组织志愿者走进居民家中，发放低碳生活手册、宣传单等资料，面对面解答居民的疑问和困惑
4	设立低碳生活示范区	可在社区内选取一定区域作为低碳生活示范区，进行低碳化改造和示范建设。通过实际案例的展示和推广，可引导居民形成低碳生活方式，将低碳理念融入居民日常生活的方方面面
5	建立激励机制	为了鼓励居民积极参与低碳行动，社区可以建立激励机制。例如，对积极参与低碳生活、节能减排活动的家庭给予表彰和奖励；或者将低碳生活纳入社区文明户评选等活动中，激发居民的积极性和创造力

（4）效果评估与持续改进。在低碳生活理念的普及过程中，社区应定期对活动效果进行评估和反馈，通过问卷调查、居民访谈等方式收集意见和建议，了解居民对低碳生

活的认知程度、接受程度以及存在的问题和困难。同时，还应根据评估结果及时完善普及措施和方案，确保低碳生活方式在社区内得到有效传播并落地实施。

低碳生活理念普及是一项长期而艰巨的任务。只有社区、居民、政府等各方共同努力、形成合力，才能推动低碳生活理念深入人心并落地生根，为应对全球气候变化贡献力量。

7.2.2.2　低碳生活实践推广

在普及低碳生活理念的同时，还应积极推广低碳生活实践，包括使用节能家电、垃圾分类与回收、绿色出行、社区绿化美化等。通过具体的实践行动，可让居民感受到低碳生活带来的便利和好处，从而更加积极地参与低碳行动。

（1）使用节能家电。节能家电是低碳生活的重要组成部分。随着科技的进步，市场上涌现出越来越多的高效节能家电产品，如LED照明灯、节能冰箱、变频空调、节能洗衣机等。这些产品在设计上注重能源利用效率，相比传统家电，能显著减少能源消耗。政府不仅可以通过补贴、税收优惠等政策降低消费者的购买成本，还可以通过宣传教育提高消费者的环保意识，引导消费者主动选择节能产品。

政府大力推动以旧家电换节能家电

节能降碳是加快绿色转型的重要抓手。近年来，各行各业纷纷行动，在制定节能降碳目标、加强节能降碳管理、落实节能降碳主体责任等方面不懈努力。家电行业作为国民经济发展的重要支柱产业，在国家推行低碳生活理念与低碳生活方式中承担着重要责任，节能减排任务尤为艰巨。

2024年全国两会期间，“鼓励和推动消费品以旧换新”被写入《政府工作报告》，推动汽车、家电、家装厨卫等消费品以旧换新成为促消费的重点工作之一。

2024年3月27日，商务部等14部门联合发布《推动消费品以旧换新行动方案》，在全国范围内开展汽车、家电以旧换新和家装厨卫“焕新”，鼓励出台惠民举措：鼓励有条件的地方对消费者购买绿色智能家电给予补贴；支持家电销售企业联合生产企业、回收企业开展以旧换新促销活动，全链条整合上下游资源，开设线上线下家电以旧换新专区，对以旧家电换购节能家电的消费者给予优惠；鼓励金融机构加大对废旧家电回收及家电以旧换新相关企业融资支持力度，拓展相关消费信贷业务。

2024年8月，商务部等4部门办公厅发布《关于进一步做好家电以旧换新工作的通知》，明确了补贴品种和补贴标准：各地要统筹使用中央与地方资金，对个人消费者购买2级及以上能效或水效标准的冰箱、洗衣机、电视、空调、电脑、热水器、家用灶具、吸油烟机8类家电产品给予以旧换新补贴，补贴标准为产品最终销售价格的15%；对购买1级及以上能效或水效的产品，额外再给予产品最终销售价格5%的补贴。每位消费者每类产品可补贴1件，每件补贴不超过2000元。各地自主确定上述8类家电的具体品种。鼓励地方结合当地居民消费习惯、消费市场实际情况、产业特点等，对其他家电品种予以补贴并明确相关补贴标准。鼓励有条件的地区因地制宜将酒店电视终端纳入消费品以旧换新补贴范围。

（2）垃圾分类与回收。垃圾分类与回收是实现资源循环利用、减少垃圾填埋和焚烧对环境影响的有效手段。通过科学分类，可以将可回收物、有害垃圾、湿垃圾（厨余垃圾）和干垃圾（其他垃圾）分开处理。对于可回收物，如纸张、塑料、金属、玻璃等，进行回收再利用，可以减少对原生资源的开采；对于有害垃圾，如废电池、废荧光灯管等，进行安全处置，可以防止其对环境和人体健康造成危害。社区应设置清晰的分类垃圾桶，并开展垃圾分类知识宣传，引导居民正确分类投放垃圾。

（3）绿色出行。绿色出行作为一种环保且健康的方式，正逐渐成为现代社会的发展趋势。它强调在出行过程中尽可能减少对环境的负面影响，同时促进资源合理利用和生态平衡。具体来说，绿色出行主要包括步行、骑行、公共交通及新能源汽车出行等方式，如表7-7所示。

表7-7 绿色出行的方式

序号	措施	具体说明
1	步行与骑行	步行和骑行是最直接、最基础的绿色出行方式，无需任何能源消耗，零排放，对环境的影响微乎其微。此外，步行和骑行还能有效促进人们的身心健康，增强心肺功能，减少肥胖等健康问题。为了鼓励更多人选择步行和骑行，政府应加大对相关设施的投资，如建设更多的步行道、自行车道，设置一些休息区、自行车租赁点等
2	公共交通出行	公共交通出行是解决城市交通拥堵、减少碳排放的有效途径。与私家车相比，公共交通能够显著提高道路资源的使用效率，降低人均碳排放量。为了加大公共交通的吸引力，政府应加大对公共交通的投入，包括优化公交线路、提高车辆运行效率、改善乘车环境等。同时，还可以通过票价优惠、换乘优惠等措施，降低市民的出行成本

续表

序号	措施	具体说明
3	新能源汽车出行	随着科技的进步和人们环保意识的增强，新能源汽车逐渐成为人们出行的普遍选择。与传统燃油车相比，新能源汽车在尾气排放、能源消耗等方面具有显著优势。政府应出台相关政策支持新能源汽车的发展，如提供购车补贴、免征购置税、建设充电桩等。此外，还应加强对新能源汽车技术的研发和推广，降低生产成本，提高产品质量和性能，满足市民日益增长的出行需求

除了上述措施外，加强宣传教育也是倡导绿色出行的重要手段。政府和社会各界应共同努力，通过媒体宣传、社区活动等方式，普及绿色出行的理念和知识，提高市民的环保意识和参与度。同时，还可以开展绿色出行示范项目，展示绿色出行的实际效果，引导更多人加入绿色出行的行列。

（4）社区绿化美化。社区的环境质量直接影响居民的生活品质和身心健康。因此，开展社区绿化美化活动，不仅可以改善生活环境，还可以提升居民的生活质量，促进城市可持续发展。通过社区绿化美化，可以有效改善空气质量，减少噪声污染，增加绿地面积，为居民提供一个更加宜居的生活环境。

社区绿化美化的具体措施如表 7–8 所示。

表 7–8　社区绿化美化的措施

序号	措施	具体说明
1	种植绿色植物	在社区空地、道路两侧、公园绿地等区域广泛种植树木、花草等绿色植物，不仅可以吸收空气中的二氧化碳，释放氧气，起到净化空气的作用。同时，还能调节气温，减少热岛效应，为居民带来凉爽的居住环境
2	开展植树造林活动	定期组织居民参与植树造林活动，既可以增加社区的绿地面积，又能增强居民的环保意识和责任感。在植树过程中，可以邀请专业人员进行指导，确保树木的成活率和生长质量
3	绿化养护	对已种植的绿色植物进行定期养护，包括浇水、施肥、修剪等，可以促进植物健康生长，延长其观赏期和使用寿命。同时，还可以减少病虫害发生，降低维护成本
4	垂直绿化和立体绿化	在有限的土地空间，可以通过垂直绿化和立体绿化的方式增加绿化量。比如，在屋顶、墙面种植攀爬植物或设置绿化墙，既美观又实用
5	美化社区环境	除了绿化之外，还可以通过设置花坛、雕塑等景观设施来美化社区环境。这些设施的设置应充分考虑居民的需求和审美习惯，既要实用又要美观。同时，还可以借助色彩、灯光等元素来营造温馨、舒适的社区氛围

通过开展社区绿化美化活动，可以显著改善社区的环境质量，提升居民的幸福感和归属感。绿色植物的存在不仅美化了环境，还起到了净化空气、调节气候的作用，为居民提供了一个更加健康、宜居的生活环境。此外，绿化美化活动还能增强居民的环保意

识和责任感，促进社区和谐发展。从长远来看，也有助于推动城市的可持续发展和生态文明建设。

小提示

以上措施的实施，需要政府、企业和居民的共同努力。只有形成全民参与的良好氛围，才能推动低碳生活理念转化为实际行动。

7.2.2.3 社区低碳项目合作

在推动社区低碳发展的过程中，单一的力量往往难以达到预期效果。为此，应鼓励社区与企业、政府等各方积极合作，共同实施低碳项目。合作模式有以下三种。

（1）企业参与。企业可以为社区提供节能产品、技术支持与培训和资金与物资捐赠，具体如图 7−6 所示。

提供节能产品	技术支持与培训	资金与物资捐赠
企业可以研发并推广适合社区的节能产品，如高效节能家电、太阳能光伏板、绿色建筑材料等，帮助社区减少能源消耗和碳排放	企业可以派遣专业技术人员为社区提供节能产品的安装、调试及后期维护服务，同时开展节能知识培训，提升社区居民的节能意识和技能	企业可以通过捐赠资金或物资的方式，支持社区低碳项目的实施，如资助节能改造项目、捐赠节能设备等

图 7−6 企业参与的方式

（2）政府支持。政府可以为社区低碳项目提供政策指导、资金支持和宣传推广平台，具体如图 7−7 所示。

政策指导	资金扶持	宣传推广平台
政府可以出台一系列支持社区低碳发展的政策，如税收优惠、补贴奖励等，为社区低碳项目顺利实施提供保障	政府可以设立专项基金，为符合条件的社区低碳项目提供资金支持，降低项目实施成本，提高项目成功率	政府可以利用自身资源和平台，对社区低碳项目进行宣传推广，提高项目的社会认知度和影响力，吸引更多社会力量参与

图 7−7 政府支持的方式

（3）社区组织。社区可以发挥自身优势，动员居民积极参与低碳项目实施和效果评估等工作，具体如图 7−8 所示。

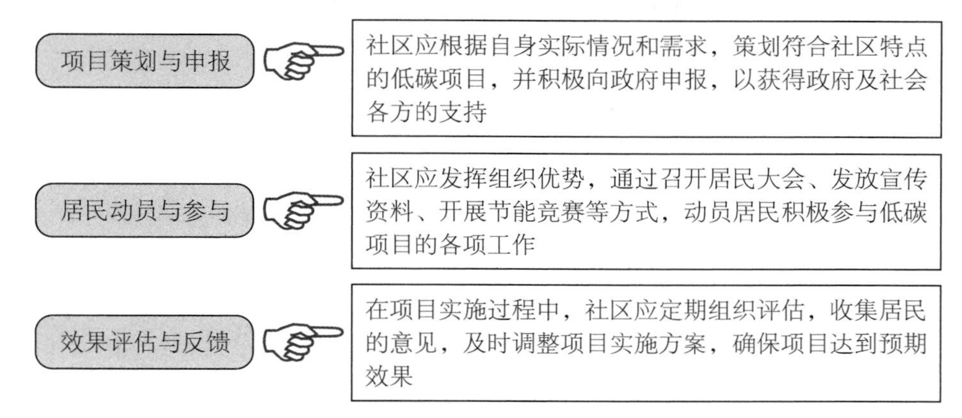

图 7-8　社区组织的方式

通过与社会各方开展低碳项目合作，可以显著提升社区的低碳发展水平，减少能源消耗和碳排放，改善居民生活环境质量。同时，合作过程中形成的经验和模式也可以为其他社区提供参考，从而推动整个社会低碳发展的进程。未来，随着低碳技术的不断发展和合作机制的日益完善，社区低碳项目将发挥更重要的作用，为实现全球的低碳目标贡献更多力量。

7.2.3　项目减排量开发与交易

7.2.3.1　减排量开发与认证

对于具有显著减排效果的企业与社区项目，应进行减排量的开发与认证。而减排量开发与认证则是一个系统工程，需要政府、企业、社区以及第三方机构的共同努力和协作，步骤如图 7-9 所示。这一项工作，不仅可以促进减排技术的创新和应用，推动绿色低碳发展，还可以为企业和社区带来实实在在的经济收益和社会价值。

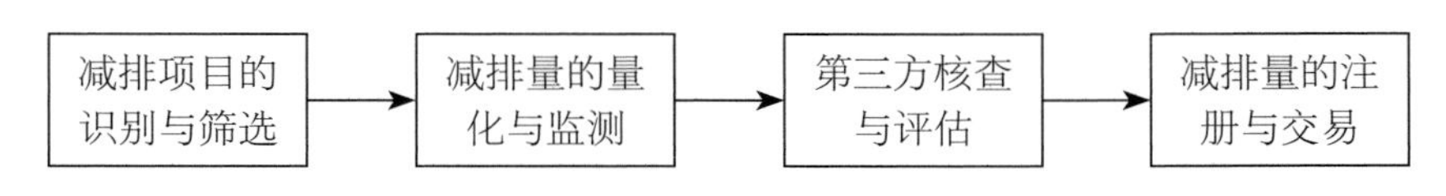

图 7-9　减排量开发与认证的步骤

（1）减排项目的识别与筛选。首先，应明确哪些企业或社区项目具有显著的减排效果，这需要对项目进行初步评估，包括项目类型（如工业减排、能效提升、可再生能源利用、绿色交通等）、预期减排量、技术可行性以及社会影响等多个方面。通过综合考量，筛选出具有潜力的减排项目作为进一步开发的对象。

（2）减排量的量化与监测。对于选定的减排项目，应对其减排量进行精确的量化。这需要科学的监测方法和数据收集体系，以确保减排量的准确性和可验证性。企业应安装专门的监测设备，记录减排活动的相关数据。同时，还应制定有效的数据管理制度，确保数据的完整性和可追溯性。

（3）第三方核查与评估。为了确保减排量的真实性和有效性，应引入专业的第三方机构进行核查和评估。这些机构需要具备相关的资质和经验，能够按照国际公认的标准和程序对项目进行独立审查。核查内容包括减排量的计算方法、监测数据的真实性、减排技术的有效性以及项目管理的合规性等。通过第三方核查，可以为减排量提供权威的认证，增加市场认可度。

（4）减排量的注册与交易。经过核查和评估后，符合条件的减排量可以在碳交易市场或平台进行注册和交易。这就为企业和社区提供了一个将减排量转化为经济收益的途径。通过出售减排量，企业可以获得资金支持，从而进一步推动减排技术的研发和应用；同时，也可以为其他需要抵消碳排放的企业或机构提供机会。

为了鼓励更多的企业和社区参与减排量开发与认证，政府和相关机构应制定一系列激励政策，如提供财政补贴、税收优惠、技术支持等。此外，还应建立健全监管机制，确保减排项目的真实性和减排量的有效性，防止虚假减排和欺诈行为发生。

7.2.3.2 碳交易市场体系建立

为了促进减排量的交易，政府应建立健全碳交易市场体系，具体措施如图 7-10 所示。

完善碳交易市场法律法规

建立碳排放权登记注册系统

建立碳交易价格形成机制

加强碳交易市场的监管

建立有效的减排激励机制和融资渠道

图 7-10 建立健全碳交易市场体系的措施

（1）完善碳交易市场法律法规，具体措施如表 7-9 所示。

表 7-9 完善碳交易市场法律法规的措施

序号	措施	具体说明
1	制定专项法规	政府应出台碳交易市场的专项法规，如《碳排放权交易管理暂行条例》等，明确碳排放权交易的基本原则、交易主体、交易客体、交易方式、监管措施以及法律责任等，为碳交易市场的规范运行提供法律保障
2	完善配套制度	在专项法规的基础上，还需要制定一系列配套制度，如碳排放权登记注册管理办法、碳排放权交易监管细则、碳排放权交易信息披露制度等，以确保碳交易各环节都有法可依、有章可循

（2）建立碳排放权登记注册系统，具体措施如表 7-10 所示。

表 7-10　建立碳排放权登记注册系统的措施

序号	措施	具体说明
1	做好系统建设	建立全国统一的碳排放权登记注册系统，为各类市场主体提供碳排放配额和国家核证自愿减排量的法定确权及登记服务，并实现配额清缴及履约管理
2	提供技术保障	采用区块链、大数据等现代信息技术手段，确保碳排放权登记注册系统的安全性和稳定性，防止数据被篡改和泄露

（3）建立碳交易价格形成机制。碳交易市场的价格主要由供求关系决定。当碳排放权的需求大于供应时，价格会上涨；反之，当供应大于需求时，价格会下跌。这种价格机制有助于激励企业减少温室气体排放，降低整体碳排放水平。在碳交易价格形成过程中，政府应发挥引导和调控作用，通过设定价格上下限、调整配额分配等方式，保持市场的稳定性和可预测性。同时，也要充分体现市场机制的作用，让交易双方根据市场供求变化自主商定价格。

（4）加强碳交易市场的监管。政府应明确碳交易市场的监管机构及职责，建立健全市场监管体系。监管机构负责对碳交易市场各个环节进行监督检查，确保市场运行公平、公正和透明。对于违反碳交易市场法律法规的行为，应严惩不贷。通过加大执法力度和曝光典型案例等措施，可以形成有效的震慑，更好地维护碳交易市场的秩序。

（5）建立有效的减排激励机制和融资渠道，具体措施如表 7-11 所示。

表 7-11　建立有效减排激励机制和融资渠道的措施

序号	措施	具体说明
1	减排激励机制	可通过设立减排奖励基金、提供税收优惠等方式，激励企业积极参与减排行动并申报减排量。同时，对于达到减排目标的企业，应给予一定的碳排放配额奖励或补贴
2	融资渠道	依托碳交易市场，金融机构可以推出创新融资类产品，如碳排放权抵押融资、绿色债券等，为企业低碳项目提供资金支持。此外，还应鼓励社会资本进入碳交易市场，增加市场的流动性和活力

7.2.3.3　技术与资金支持

为了推动减排项目的顺利实施和减排量的有效开发，政府还应提供必要的技术和资金支持，具体措施如图 7-11 所示。

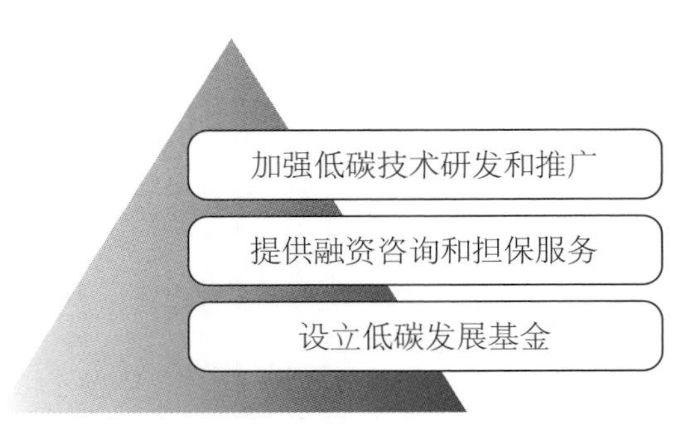

图 7-11　提供技术与资金支持的措施

（1）加强低碳技术研发和推广，具体措施如表 7-12 所示。

表 7-12　加强低碳技术研发和推广的措施

序号	措施	具体说明
1	技术创新	低碳技术的研发是减排项目成功的关键，这包括清洁能源技术（如太阳能、风能、地热能等）、能效提升技术（如高效节能设备、智能能源管理系统等）、碳捕捉与封存技术等。通过不断的技术创新，可以降低减排项目的实施成本，提高减排效率
2	技术转移与扩散	将成熟的低碳技术从研发机构或大型企业转移到中小企业和社区，是实现减排目标的重要途径，可以通过建立技术转移平台、举办技术交流会、提供技术培训等方式来实现
3	政策激励	政府可以通过制定相关政策，如税收优惠、研发补贴、技术引进奖励等，激励企业和科研机构加大低碳技术的研发投入，促进技术不断创新和广泛应用

（2）提供融资咨询和担保服务，具体措施如表 7-13 所示。

表 7-13　提供融资咨询和担保服务的措施

序号	措施	具体说明
1	融资咨询	许多企业和社区在实施减排项目时会面临资金短缺的问题。因此，提供专业的融资咨询服务，可以帮助其了解各种融资渠道和方式，如银行贷款、风险投资、政府补助等，并根据项目特点制定合适的融资方案
2	融资担保	为了降低金融机构的风险，提高融资成功率，可以设立专门的融资担保机构，为减排项目提供融资担保服务。这样不仅可以缓解企业和社区的融资压力，还可以促进金融资源的有效配置
3	绿色金融	应鼓励金融机构开发绿色金融产品，如绿色债券、绿色信贷等，为减排项目提供长期稳定的资金支持。政府也可以出台相关政策，如绿色信贷贴息、绿色债券发行优惠等，引导金融资源向低碳领域倾斜

（3）设立低碳发展基金。低碳发展基金可以通过政府拨款、企业捐赠、社会募捐等方式筹集，且专门用于低碳技术研发、减排项目实施、低碳宣传教育等工作，具体如图 7-12 所示。基金的使用应遵循公开、透明、高效的原则，确保每一笔资金都能真正用于低碳项目。可以设立项目管理办公室或聘请专业管理团队对基金的使用进行严格的监管和评估。

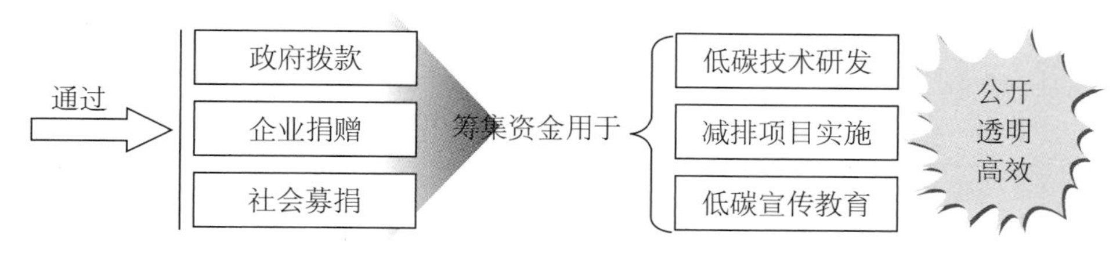

图 7-12　设立低碳发展基金

为了鼓励更多企业和社区参与减排行动，政府还可以建立奖励机制，对减排工作中表现突出的企业和社区给予一定的奖励和补贴。

7.3 社会动员与公众参与

在应对全球气候变化、促进绿色低碳发展的进程中，碳普惠作为一种创新机制，旨在通过市场化手段激励社会各界广泛参与碳减排行动。为了确保碳普惠政策的有效实施与持续深化，建立健全社会动员与公众参与机制至关重要。

7.3.1　公众教育与意识提升

在碳普惠的实施过程中，公众教育与意识提升是确保全民广泛参与的关键。通过知识普及、互动体验、政策引导、社会动员等方式，可以有效提升公众的环保意识和参与度，推动碳普惠政策深入实施。

7.3.1.1　知识普及与教育引导

对公众进行碳普惠知识普及与教育引导，需要采取多种措施，如多渠道传播、确保内容精准与丰富、创新宣传方式以及加强教育与培训等。

（1）多渠道传播，具体措施如表 7-14 所示。

表 7-14　多渠道传播的措施

序号	措施	具体说明
1	与媒体合作	与电视台、广播电台、报纸、网络等媒体合作，以新闻报道、专题节目、公益广告等形式，向公众普及碳普惠的基本知识、重要性和实施方式

续表

序号	措施	具体说明
2	利用社交平台	利用微博、微信、抖音等社交平台，发布碳普惠相关的短视频或进行直播，增加信息传播的广度和深度
3	组织线下活动	组织碳普惠主题讲座、研讨会、展览、体验活动等，并邀请专家、学者或环保组织进行宣讲，让公众深入了解碳普惠

（2）确保内容精准与丰富，具体措施如表 7-15 所示。

表 7-15　确保内容精准与丰富的措施

序号	措施	具体说明
1	基础知识普及	详细介绍碳中和与碳普惠的概念、原理、目标和意义，让公众了解碳减排的重要性和紧迫性
2	实践案例分享	分享国内外成功的碳普惠实践案例，展示碳普惠政策的实施效果和社会影响力，激发公众的参与热情
3	互动环节答疑	设置互动环节，解答公众在碳普惠方面的疑惑，提高公众对碳普惠的理解和认识

（3）创新宣传方式，具体措施如表 7-16 所示。

表 7-16　创新宣传方式的措施

序号	措施	具体说明
1	趣味化传播	制作趣味化的动画、漫画或游戏，并将碳普惠的知识和理念融入其中，提高信息的传播效果
2	情景模拟	模拟不同生活场景下的碳排放情况，让公众了解自身的行为对碳排放的影响，从而提高节能减排的行动力
3	积分奖励	在碳普惠平台上设置积分奖励机制，鼓励公众通过绿色出行、节能减排等行为积累碳积分，并兑换商品、服务或优惠券，从而增强公众的参与感和获得感

（4）加强教育与培训，具体措施如表 7-17 所示。

表 7-17　加强教育与培训的措施

序号	措施	具体说明
1	学校教育	将碳普惠相关知识纳入学校课程，特别是在中小学教育阶段，开设相关选修课程、开展主题教育活动等，可培养学生的环保意识和低碳意识
2	社会培训	面向企业、社区、社会组织等群体开展碳普惠培训活动，可提升社会各界对碳普惠政策的认知度和参与度
3	政策宣讲	定期举办政策宣讲会或发布会，向公众解读碳普惠政策的目标、任务和措施，可增强公众对政策的信心

7.3.1.2　互动体验与激励机制

（1）组织互动体验活动。互动体验活动旨在通过实践的方式，使公众更直观地了解自身行为的碳排放情况，并亲身体验低碳生活带来的积极变化，从而提升他们的环保意识，激发他们节能减排的主动性。

互动体验活动的形式如表 7–18 所示。

表 7–18　互动体验活动的形式

序号	活动形式	具体说明
1	碳足迹计算	通过线上或线下的方式，引导公众使用碳足迹计算器，输入日常生活中的各种行为（如用电、用水、出行等）数据，计算并展示个人的碳足迹。这种直观的数据展示，可以让公众认识到自身行为对环境的影响
2	低碳生活挑战赛	可定期（如一周、一月）组织开展低碳生活挑战赛，鼓励参赛者按照比赛规则减少碳排放，如减少驾车出行、减少一次性用品的使用等；并通过社交媒体分享，增加活动的趣味性和互动性

活动结束后，政府应通过活动前后的碳足迹对比、参与者的意见反馈，评估活动的效果，了解公众对低碳生活的态度。

（2）搭建碳普惠平台。碳普惠平台是一个集碳减排行为记录、碳积分计算、积分兑换及环保教育等功能于一体的综合性服务平台，旨在通过数字化手段，将公众的节能减排行为转化为可量化的碳积分，并利用积分兑换机制，激励公众积极参与低碳行动，共同推动绿色低碳目标的实现，如表 7–19 所示。

表 7–19　碳普惠平台的主要功能

序号	主要功能	具体说明
1	碳积分计算	（1）用户可以在平台上注册账号，并绑定个人或家庭的节能减排行为数据 （2）平台根据用户提交的节能减排行为数据（如步行、骑行、乘坐公共交通的公里数，家庭节能减排措施的实施情况等），运用科学的算法计算并累积碳积分 （3）碳积分的计算通常基于国际或国内公认的碳排放标准，确保计算结果的准确性和公正性
2	积分兑换	（1）用户可以在平台上浏览并选择需要兑换的商品、服务或优惠券等奖励 （2）兑换的商品包括环保产品、绿色出行服务、健康食品等，可满足公众的多样化需求，并促进绿色消费

续表

序号	主要功能	具体说明
2	积分兑换	（3）兑换的服务包括公共交通折扣、充电站优惠、环保咨询等，可为用户的低碳生活提供便利和支持 （4）兑换优惠券则可鼓励用户在特定商家或平台进行绿色消费，进一步推动低碳经济的发展
3	环保教育	（1）平台应设有环保教育板块，通过图文、视频、互动问答等多种形式，向公众普及环保知识、传播低碳理念 （2）教育内容应涵盖碳中和、碳足迹、节能减排等多个方面，旨在提升公众的环保意识和参与度 （3）通过定期发布环保资讯、举办线上活动等，可与公众保持互动和沟通，形成良好的环保氛围
4	数据展示与分享	（1）平台应提供个人或家庭碳减排数据展示功能，让用户直观了解自己在低碳生活方面的贡献和成果 （2）用户还可以将自己的碳减排数据和成果上传到社交平台上，与亲朋好友共同分享低碳生活的乐趣和成就感 （3）数据展示和分享机制有助于激发更多人的参与热情，推动社会快速形成绿色低碳的生活方式

碳普惠平台的搭建和运营，不仅为公众提供了一个便捷、高效的参与途径，还能通过积分兑换等激励机制，有效激发公众的参与热情，随着碳普惠平台的不断完善和推广，会有更多人加入低碳生活的行列，共同为构建生态文明社会贡献力量。

（3）建立激励机制。政府应建立多样化的激励机制，如设立碳减排奖励基金、颁发荣誉称号等，对积极参与碳减排的个人和企业给予表彰和奖励，从而激发社会各界的参与热情，具体如表 7–20 所示。

表 7–20　激励机制的主要内容

序号	激励机制	具体说明
1	设立碳减排奖励基金	政府可以设立专门的碳减排奖励基金，用于表彰和奖励在碳减排方面作出突出贡献的个人和企业，如现金补贴、税收减免、政策优惠等，从而激励社会各界积极参与碳减排行动
2	颁发荣誉称号	设立“绿色家庭”“低碳企业”等荣誉称号，对在节能减排方面表现突出的个人和企业给予表彰。这种荣誉认可不仅有助于提升获奖者的社会形象和品牌价值，还能为更多人起到示范效应

7.3.1.3　政策引导与制度保障

政策引导与制度保障是碳普惠机制有效运行和持续发展的关键，可以为碳普惠体系的构建和运行提供有力支持，推动社会绿色低碳发展目标的实现。

（1）政策引导。在碳普惠的实践中，政府在政策引导方面发挥着至关重要的作用，具体措施如表 7-21 所示。

表 7-21 政策引导措施

序号	措施	具体说明
1	明确政策目标	政府应明确碳普惠政策的目标，即减少碳排放，促进绿色低碳发展
2	制定具体政策	制定详细的碳普惠政策，明确碳普惠的定义、范围、实施路径和激励机制等，为各方参与者提供清晰的方向指引
3	加强政策宣传	通过多种渠道和方式，加强对碳普惠政策的宣传和普及，提高公众对碳普惠的认知度
4	提供政策支持	对积极参与碳普惠的企业和个人给予政策优惠和奖励，激发其参与碳普惠的积极性

（2）制度保障。政府在制度保障方面的措施如表 7-22 所示。

表 7-22 制度保障的措施

序号	措施	具体说明
1	制定统一标准	建立和完善碳普惠相关的标准体系，包括核算技术规范、方法学、平台建设规范等，可确保碳普惠项目的科学性和公正性。这些标准应涵盖低碳出行、绿色办公、可再生能源、废弃物处理等多个领域，为不同类型碳普惠项目的减排量提供量化依据
2	建立监管机制	建立健全监管机制，加强对碳普惠项目的日常监管和监督检查，可确保项目的合规性和有效性。主管部门应对碳普惠平台进行监督检查，并采取有效措施防范数据风险，确保用户信息和减排数据的真实性和准确性
3	完善激励机制	应制定合理的碳积分兑换规则，鼓励公众和企业积极参与碳普惠项目，并通过碳积分兑换商品和服务来获得实际利益。同时，还应完善碳积分商业激励机制，提高碳普惠的覆盖面
4	与市场机制融合	将碳普惠与碳排放权交易、碳汇交易等市场机制相结合，可推动碳普惠项目的市场化运作和可持续发展。例如，深圳市鼓励政府机关、企事业单位、社会组织和个人通过深圳碳排放权交易系统自愿购买核证减排量实施碳中和，为碳普惠项目的减排量提供了交易渠道
5	加强国际合作与交流	积极与国际碳普惠项目进行合作与交流，借鉴国际先进经验和做法，推动国内碳普惠机制进一步完善和发展。通过国际合作和技术引进等方式，提升国内碳普惠项目的技术水平和国际竞争力

7.3.1.4 社会动员与多方参与

社会动员与多方参与是推动碳普惠发展的重要保障。通过加强社会动员、促进多方合作和增强公众参与，可以鼓励社会大众共同推动碳普惠事业的深入发展，为实现绿色低碳生活方式贡献力量。

（1）社会动员。社会动员是碳普惠项目成功实施的关键环节之一。通过多样化的手段，可以有效激发社会各界对碳普惠的兴趣，进而形成广泛的社会共识和行动力，具体如表7–23所示。

表7–23 社会动员的方式

序号	方式	具体说明
1	媒体宣传	可利用电视、广播、报纸、网络等媒体平台，广泛宣传碳普惠的理念、政策、措施及成效。通过生动的故事、案例和数据，展示碳普惠对环境保护、经济发展和社会进步的积极影响，能提高公众的认知度和关注度
2	社区活动	在社区层面组织丰富多彩的碳普惠活动，如低碳生活讲座、绿色出行体验、节能减排竞赛等，不仅能够直接引导居民参与碳普惠实践活动，还能增强社区的凝聚力和归属感，形成良好的低碳生活氛围
3	企业合作	应积极寻求与企业合作的机会，共同推广碳普惠理念。企业可以通过调整生产方式、优化产品结构、推出绿色产品等方式，实现自身的低碳转型。同时，还可以利用自身的资源和平台，为碳普惠事业提供资金、技术、人才等方面的支持

（2）多方合作。碳普惠事业的成功离不开政府、企业、社会组织等多方的共同努力和协作。通过多方合作，可以形成优势互补、资源共享的良好局面，推动碳普惠事业快速发展，具体如表7–24所示。

表7–24 多方合作的方式

序号	方式	具体说明
1	政府引导	政府在碳普惠事业中发挥主导作用，应制定相关政策和规则，明确工作目标和任务。同时，还应加强监管和评估，确保碳普惠政策的有效实施和项目的顺利推进
2	企业参与	企业是碳普惠事业的重要参与者和推动者。通过技术创新和产品升级，企业可以实现低碳生产和绿色发展。此外，企业还可以以社会责任为导向积极参与碳普惠事业，为环境保护和可持续发展贡献力量
3	社会组织助力	社会组织在碳普惠事业中发挥着桥梁和纽带的作用，通过组织公益活动、开展宣传教育等方式，可引导公众关注和支持碳普惠事业。同时，社会组织还可以为政府和企业提供咨询服务，促进碳普惠政策进一步完善和优化

（3）公众参与。公众是碳普惠事业的最终受益者和重要参与者。通过公众参与，可以在全社会形成共同关注、共同参与的良好氛围，具体如表7–25所示。

表 7-25　公众参与的方式

序号	方式	具体说明
1	绿色出行	鼓励公众选择步行、骑行、公共交通等低碳出行方式，减少私家车的使用，不仅可以减少碳排放量，还可以缓解城市交通拥堵问题
2	节能减排	引导公众在日常生活中注重节能减排，如使用节能灯具、合理调节空调温度、减少一次性用品的使用等。这些看似微小的行为，日积月累却能产生显著的环保效果
3	监督与反馈	建立公众对碳普惠政策的监督和反馈机制，鼓励公众积极提出建议，帮助政府和企业及时了解公众的需求，进一步完善和优化碳普惠政策

7.3.2　多元化激励机制

在碳普惠体系中，建立一套多元化、差异化的激励机制是至关重要的，它直接关系公众参与的积极性和持续性。多元化激励措施的重要性主要体现在图 7-13 所示的几个方面。

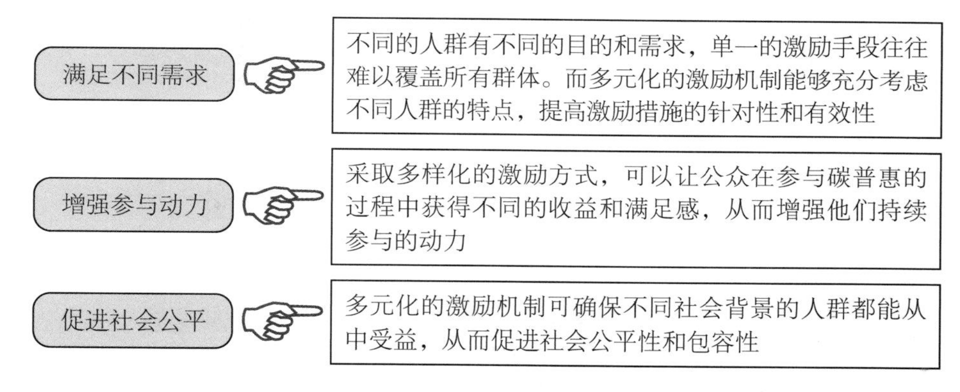

图 7-13　多元化激励措施的重要性

可见，有效的激励机制能够针对不同群体的特点和需求，提供多样化的激励手段，从而最大限度地提高公众对低碳生活方式的认同感和参与度。多元化激励体系涵盖了图 7-14 所示的多个方面，旨在通过不同的激励方式来激发个人、社区和企业的参与热情，共同推动绿色低碳发展。

图 7-14　多元化激励体系

7.3.2.1 商业激励

商业激励是指通过经济上的回报和优惠，鼓励个人、家庭和企业采取低碳行为，推动整个社会向低碳经济转型。

（1）商业激励的主要形式。商业激励的主要形式如表 7-26 所示。

表 7-26 商业激励的主要形式

序号	主要形式	具体说明
1	碳币兑换	在碳普惠体系中，公众的低碳行为（如步行、骑行、使用公共交通工具、垃圾分类、节能减排等）会被记录并量化成碳币发放到个人账户中，公众可以利用碳币在特定的碳普惠平台上兑换各种商业优惠和增值服务，如购物折扣、餐饮优惠、娱乐券、航空里程、超市赠品等。这种方式可直接让公众感受到低碳行为带来的经济价值，增强他们参与碳减排的积极性和自主性
2	低碳产品与服务优惠	政府或企业可以通过政策引导或市场手段，对低碳产品和服务给予价格优惠，以降低消费者的购买成本，包括新能源汽车、节能家电、绿色建筑、环保材料等。通过价格杠杆，可激励消费者选择低碳产品，推动低碳消费市场的形成和发展
3	碳积分与会员制度	碳普惠平台可以实行会员制，会员参与低碳行为累积的碳积分，不仅可以兑换商业优惠，还可以作为会员等级的评定依据，享受更高级别的服务和特权。这种制度设计增加了用户的黏性和忠诚度，可促使他们持续参与低碳行为

（2）商业激励的实施效果。商业激励是推动绿色低碳发展的重要手段之一。具体来说，商业激励的实施效果如图 7-15 所示。

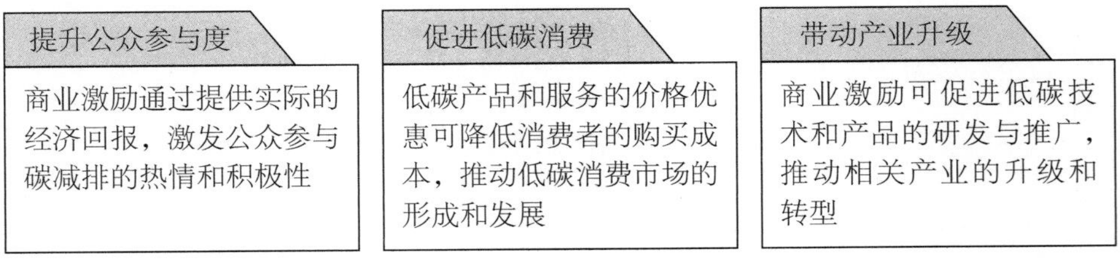

图 7-15 商业激励的实施效果

比如，湖州市的“碳达人·惠湖州”平台构建了由减碳行为、交易体系、积分体系、绿色公益等组成的居民领域“碳普惠”体系，引导社会公众自觉践行绿色低碳行为。用户通过参与低碳活动累积碳积分，然后在平台上兑换各种商业优惠和公共服务。这种商业激励模式不仅提升了公众的参与度，还促进了低碳消费和产业升级。

7.3.2.2 政策激励

政策激励是指通过制定和实施一系列政策措施，为低碳行为提供制度保障和经济奖励，从而引导公众、企业和政府积极参与碳减排活动。

（1）政策激励的主要形式，具体如图 7–16 所示。

图 7–16　政策激励的主要形式

① 政府补贴与奖励。政府补贴与奖励是通过直接的经济奖励来鼓励个人、社区和企业积极参与碳减排活动，可以针对不同类型的参与主体设计不同的激励方案。

对于个人而言，政府可以设立专门的碳减排奖励基金，根据个人的减排行为（如购买新能源汽车、安装家用太阳能发电系统、对垃圾进行分类等）给予一定的现金补贴或积分奖励。这些奖励直接通过碳普惠平台发放，个人可以在平台上查看自己的减排贡献和获得的奖励。此外，政府还可以定期举办碳减排模范评选活动，对表现突出的个人进行表彰和奖励，从而激发更多人的参与热情。

对于社区而言，政府可以设立社区碳减排基金，用于支持社区内的低碳改造项目（如安装节能路灯、搭建绿色屋顶、推广社区共享出行等）。社区可以根据自身的减排需求和计划向政府申请资金补贴，并在项目实施后接受政府的评估和验收。对于减排效果显著的社区，政府还可以给予额外的奖励和表彰。

对于企业而言，政府可以通过税收返还、研发费用加计扣除、低息贷款等方式给予经济支持，鼓励企业进行低碳技术研发和产品创新。同时，政府还可以设立企业碳减排贡献奖，对在碳减排方面作出突出贡献的企业进行奖励，提升企业的社会形象和品牌价值。

② 税收减免。税收减免旨在通过减轻经济负担来鼓励个人和企业积极参与碳减排活动。可以针对不同的减排行为设计不同的税收减免方案。

对于个人而言，政府可以对购买新能源汽车、使用节能家电等低碳消费行为给予税收减免优惠。这些优惠可以直接体现在个人所得税或消费税上，使个人在享受低碳生活的同时也能获得一定的经济利益。

对于企业而言，政府可以对符合一定减排标准的企业给予税收减免优惠。减排标准包括企业的碳排放量、能源利用效率、低碳技术研发投入等多个方面。通过税收减免政策，企业可以降低运营成本，提高盈利能力，从而更加积极地投身于碳减排事业中。

③ 绿色金融支持。绿色金融是指金融部门将环境保护作为一项基本政策，在投融资决策中充分考虑对环境的潜在影响，通过引导社会经济资源，促进社会可持续发展。在碳普惠体系中，有优惠贷款、绿色债券、绿色基金等多种金融工具，为具有碳减排效益的项目提供资金支持，并降低融资成本，从而激励更多的企业和个人参与碳减排活动。

绿色金融的支持方式主要有图 7-17 所示的三种。

图 7-17　绿色金融的支持方式

——绿色信贷。绿色信贷是指金融机构在贷款审批和发放过程中，优先考虑和支持那些具有环境效益的项目或企业。具体来说，绿色信贷通过表 7-27 所示的方式提供支持。

表 7-27　绿色信贷提供支持的方式

序号	支持方式	具体说明
1	优惠利率	金融机构可为低碳环保项目提供低于市场平均水平的贷款利率，降低企业的融资成本，鼓励企业投资节能减排、清洁能源等领域。这种优惠利率直接减轻了企业的财务负担，提高了企业参与碳减排的积极性
2	风险评估	在信贷审批过程中，金融机构会特别关注项目的环境风险和社会影响，对符合绿色标准的项目给予更高的信用评级。这样可确保资金真正流向低碳环保领域，避免“漂绿”现象发生
3	产品创新	金融机构会不断推出针对绿色项目的金融产品，如绿色抵押贷款、绿色车贷等，以满足不同领域、不同规模企业的融资需求。这些产品将贷款利率与项目的碳排放量挂钩，通过利率杠杆进一步激发企业的减排动力。例如，在贷款周期内，如果企业的碳排放量降到约定的阈值，就可申请下调贷款利率，从而降低融资成本

——绿色债券。绿色债券是一种专门为低碳环保项目筹集资金的债务融资工具，主要通过表 7-28 所示的方式支持绿色低碳事业。

表 7-28　绿色债券的支持方式

序号	支持方式	具体说明
1	资金募集	企业可以通过发行绿色债券来筹集资金，专门用于低碳环保项目的建设和运营。这样有助于拓宽企业的融资渠道，增加资金来源的多样性
2	信息披露	绿色债券的发行人需要定期披露资金的使用情况，确保资金真正用于绿色低碳项目。这种信息披露制度提高了市场的透明度，增加了投资者的信任度，有助于吸引更多的社会资本参与绿色债券市场
3	市场激励	政府和市场会给予绿色债券一定的税收减免、补贴等激励政策，以降低其发行成本，从而鼓励更多的企业和金融机构发行绿色债券，推动绿色债券市场进一步发展壮大

——绿色基金。绿色基金是由政府或社会资本发起设立的专门用于低碳技术和产业的投资基金，提供支持的方式如表 7-29 所示。

表 7-29　绿色基金的支持方式

序号	支持方式	具体说明
1	政府引导	政府可通过出资方式吸引社会资本参与绿色基金的设立和运作。这种政府引导机制有助于推动多元化的投资主体共同支持低碳技术和产业的发展
2	风险共担	绿色基金通过分散投资、专业管理等方式降低单一项目的投资风险，从而吸引更多投资者参与绿色基金活动，提高资金的使用效率
3	产业升级	绿色基金不仅关注短期收益，更注重长期价值创造，通过投资低碳技术、清洁能源等领域，推动产业升级和转型，并实现可持续发展

（2）政策激励的实施效果，具体如图 7-18 所示。

促进低碳消费
政策激励可降低低碳产品的购买成本，提高市场竞争力，从而促进了低碳消费市场的形成和发展
推动产业升级
法规约束和绿色金融支持可推动低碳技术和产品的研发和推广，从而带动相关产业的升级和转型
增强公众意识
政策激励可提高公众对低碳环保的认识度和参与度，从而增强全社会的环保意识和责任感

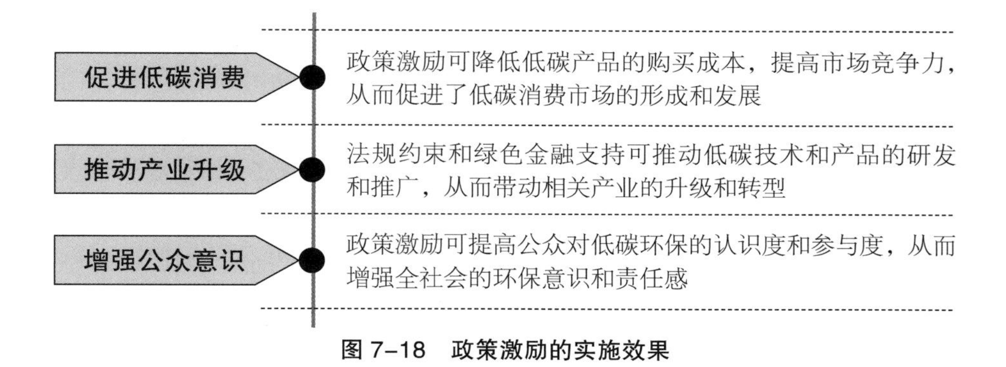

图 7-18　政策激励的实施效果

比如，山西省通过“三晋绿色生活”小程序构建了绿色低碳行为登记量化系统，记录个人在交通、购物、餐饮、旅游等领域的绿色低碳行为，并将这些分散的行为量化成碳减排量。同时，政府还通过积分兑换、绿色消费券等商业激励手段，鼓励公众积极参与低碳行为。这样不仅提升了公众的参与度，还促进了低碳消费和产业升级。

7.3.2.3　交易激励

碳普惠实践中的交易激励是指通过市场机制促进碳减排量的交易和流通，从而实现低碳行为的经济价值。

（1）交易激励的核心机制，如图 7-19 所示。

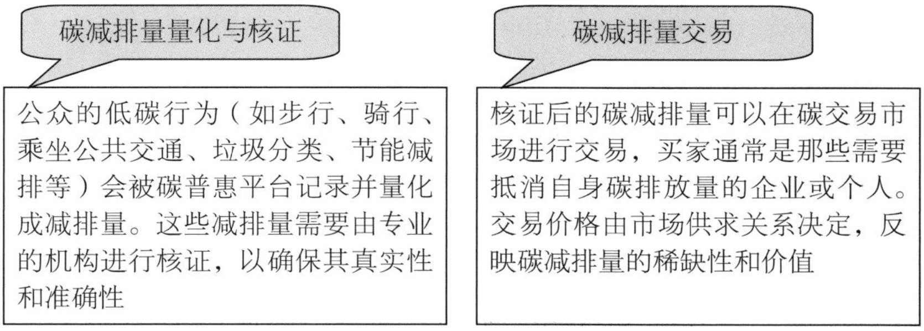

碳减排量量化与核证
公众的低碳行为（如步行、骑行、乘坐公共交通、垃圾分类、节能减排等）会被碳普惠平台记录并量化成减排量。这些减排量需要由专业的机构进行核证，以确保其真实性和准确性
碳减排量交易
核证后的碳减排量可以在碳交易市场进行交易，买家通常是那些需要抵消自身碳排放量的企业或个人。交易价格由市场供求关系决定，反映碳减排量的稀缺性和价值

图 7-19　交易激励的核心机制

（2）交易激励的具体形式，有图 7–20 所示的几种。

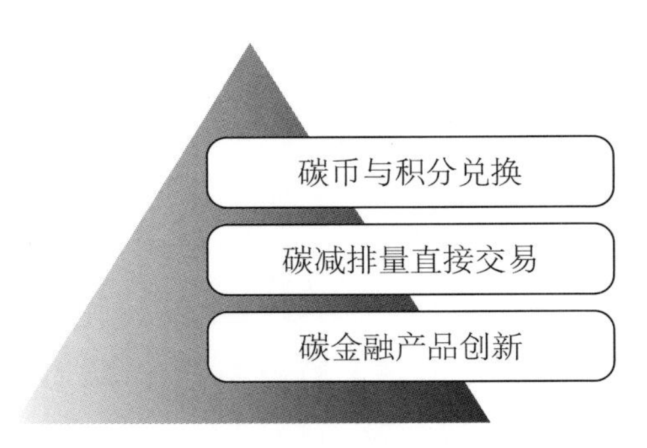

图 7–20　交易激励的具体形式

① 碳币与积分兑换。在碳普惠平台中，用户的低碳行为，如使用公共交通工具出行、减少使用一次性塑料制品、参与植树造林等，都会被系统记录下来并转化为碳币或积分作为奖励，从而鼓励公众积极参与节能减排，形成良好的低碳生活习惯。

——碳币与积分的获取。用户通过完成平台设定的低碳任务或低碳活动，即可获得相应的碳币或积分。这些任务和活动通常与用户的日常生活紧密相关，方便用户参与。

——兑换机制。用户获得了碳币或积分后，可以在碳普惠平台的兑换商城中兑换各种商品、服务或优惠券等。兑换的商品范围广泛，包括但不限于环保产品、绿色食品、文化娱乐产品等，旨在满足用户的多样化需求。

——经济回报。通过碳币与积分兑换，用户的低碳行为得到了实质性的经济回报，可进一步增强了他们参与碳普惠的积极性。

② 碳减排量直接交易。在碳普惠体系中，用户不仅可以获得碳币或积分作为奖励，还可以将自己累积的碳减排量直接出售给有需求的企业或个人，获得现金收益。

——碳减排量的核算。平台通过科学的方法和先进的技术手段，可对用户的低碳行为进行量化核算，得出碳减排量，以确保碳减排量的准确性和可信度。

——交易机制。有需求的企业或个人可以在碳普惠平台上发布购买碳减排量的需求信息，而用户则可以将自己累积的碳减排量在平台上挂牌出售。双方通过平台达成交易后，即可实现碳减排量的直接交易。

——现金收益。通过碳减排量直接交易，用户可以获得现金收益。这种形式的激励更加直接和灵活，能够迅速将低碳行为转化为经济价值，进一步激发用户的参与热情。

③ 碳金融产品创新。随着碳交易市场的不断发展，金融机构也开始积极参与其中，推出各种与碳减排量相关的金融产品，如碳期货、碳期权等。

——碳金融产品的种类。金融机构根据市场需求和碳交易市场的特点，可开发多种碳金融产品，不仅涵盖碳减排量的买卖，还可涉及碳减排量的保值增值、风险管理等多个方面。

——公众参与。公众可以通过购买碳金融产品，参与到碳交易中来。他们不仅可以实现碳减排量的保值增值，还可以通过金融手段来降低自己的碳减排量风险。

——市场深化。碳金融产品的创新不仅可丰富碳交易市场的产品种类，还促进市场的深化和发展。同时也为公众提供更多的投资渠道和风险管理工具，使碳交易市场更加完善和成熟。

小提示

碳普惠体系中的交易激励形式多种多样，并且相互补充、相互促进，是碳普惠体系的重要组成部分，为推动低碳生活、实现可持续发展目标提供了有力支持。

（3）交易激励的实施效果，如图7-21所示。

交易激励通过为低碳行为提供经济回报，可激发公众参与碳减排的热情和积极性。公众更加关注自己的碳排放情况，并主动采取各种措施来减少碳排放

交易激励可推动碳交易市场的形成和发展，增加市场的活跃度和交易量。随着市场的不断拓展，碳减排量的价格也会逐渐上升，从而进一步提升低碳行为的经济价值

交易激励有助于推动全社会形成绿色低碳的生产生活方式。通过市场机制的作用，可将碳减排量转化为经济价值，从而吸引更多企业和个人参与碳减排活动，助力国家实现碳达峰和碳中和目标

图7-21　交易激励的实施效果

比如，浙江省的“浙江碳普惠”平台实现了与支付宝蚂蚁森林、菜鸟等数据的贯通。居民可以通过登录浙里办或支付宝等APP进入“浙江碳普惠”应用，并利用积分兑换权益。这些权益包括环保商品、银联红包、计量仪器校准服务、机场贵宾间休息服务等。此外，该平台还将公众低碳行为对应的减碳量进行核证并签发，用于抵消控排企业配额。

7.3.2.4　社会激励

社会激励通过社会舆论、荣誉表彰等方式来激发公众的参与热情。政府和社会组织可以定期举办表彰大会或颁发荣誉证书，对在碳减排方面作出突出贡献的个人或集体给予公开认可和奖励。这种精神层面的激励不仅能够提升获奖者的荣誉感和归属感，还能够激发更多人的参与热情和积极性。同时，媒体宣传也是社会激励的重要手段之一，通过广泛宣传碳普惠的成功案例和先进经验，可引导更多公众关注和支持碳减排工作。

（1）社会激励的方式，如图 7-22 所示。

图 7-22 社会激励的方式

① 荣誉表彰。荣誉表彰是社会激励的一种重要形式，在碳普惠实践中发挥着不可替代的作用。具体来说，荣誉表彰的方式包括表 7-30 所示的几个方面。

表 7-30 荣誉表彰的方式

序号	方式	具体说明
1	设立专门奖项	根据碳减排的不同领域和贡献，可设立多个专门奖项，如“最佳碳减排项目奖”“绿色出行先锋奖”“节能减排技术创新奖”等，以表彰在各个领域作出突出贡献的个人或集体
2	召开表彰大会	可定期举办表彰大会，邀请政府领导、行业专家、媒体代表以及社会各界人士参加，对获奖者进行公开表彰，并请他们分享经验和心得，从而激励更多人投身碳减排事业
3	进行社会宣传	通过媒体渠道对获奖者进行广泛宣传，让更多人了解他们的先进事迹和成功经验，以形成示范效应。这样不仅能够提升获奖者的社会知名度和影响力，还能够引导更多公众关注和支持碳减排工作

② 媒体宣传。媒体宣传具有覆盖面广、传播速度快、影响力大等特点，是推广绿色低碳理念、营造良好社会氛围的重要途径。具体来说，媒体宣传的方式包括表 7-31 所示的几个方面。

表 7-31 媒体宣传的方式

序号	方式	具体说明
1	新闻报道	通过报纸、电视、广播等传统媒体以及互联网、社交媒体等新媒体平台，对碳普惠的实践经验进行及时报道和深入解读，包括减排项目的实施情况、减排效果、社会影响等内容，可让公众了解碳减排的重要性和紧迫性
2	专题报道	针对碳减排的热点问题和重要事件，可组织开展专题报道或访谈节目，邀请政府领导、行业专家、企业代表以及公众人物等分享他们的观点和见解，以形成减排共识和合力
3	公益广告	可制作并播放以绿色低碳为主题的公益广告，通过生动形象的画面和简洁有力的语言，向公众传递绿色低碳的生活方式和消费理念。这些公益广告可以在电视、广播、互联网等平台上反复播放，以提高公众的环保意识和参与度

③ 社区共建。社区共建是指通过政府引导、社区居民主动参与等方式，共同推动社区内低碳环保活动的开展。这种方式不仅有助于提升居民的环保意识和责任感，还能促进资源的高效利用和环境的可持续发展。社区作为社会的基本单元，其低碳环保活动的成效直接影响整个社会的环境状况。社区共建的方式如表 7–32 所示。

表 7–32　社区共建的方式

序号	方式	具体说明
1	垃圾分类	（1）在社区内开展垃圾分类的宣传活动，通过海报、宣传册、讲座等形式，向居民普及垃圾分类的重要性和方法 （2）在小区内设置分类垃圾桶，并确保标识清晰、易于辨识，以方便居民分类投放 （3）建立垃圾分类的监督机制，鼓励居民相互监督，同时，社区管理人员也应定期检查垃圾分类情况，确保垃圾分类工作有效进行
2	节能减排	（1）对社区内的公共设施进行节能改造，如更换高效节能的照明设备、安装太阳能热水器等，以减少能源消耗 （2）鼓励居民采用绿色的生活方式，如使用节能家电、减少空调使用、合理用水用电等，共同降低社区的碳排放量 （3）定期对社区进行能源审计，评估能源消耗情况，制定有针对性的节能减排措施
3	绿色出行	（1）鼓励居民使用公共交通工具出行，减少私家车的使用频率，降低尾气排放量 （2）在社区内铺设完善的步行和骑行道路，为居民提供安全的出行环境，鼓励居民短距离出行选择步行或骑行 （3）在社区内设置新能源汽车充电站，鼓励居民购买和使用新能源汽车，以进一步减少碳排放

通过社区共建，可以显著提升居民的环保意识和责任感，促进低碳生活方式的推广；同时，还能带来实际的环境效益和社会效益，如减少垃圾产生、降低能源消耗、改善空气质量等。此外，社区共建还有助于增强社区凝聚力，促进邻里之间的关系，为构建和谐社会贡献力量。

（2）社会激励的实施效果，如图 7–23 所示。

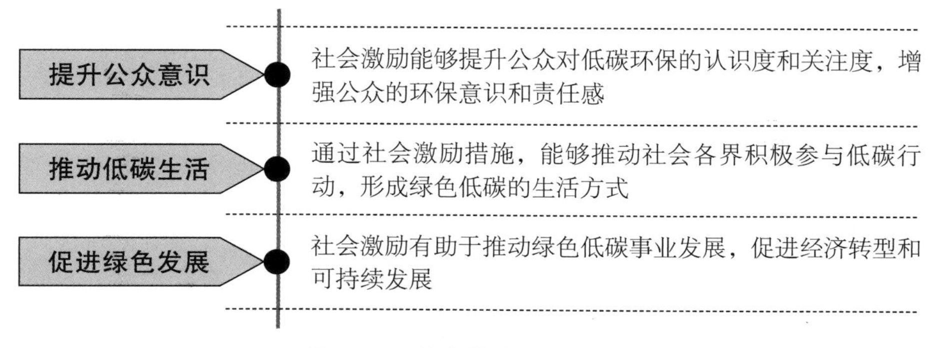

图 7–23　社会激励的实施效果

总之，社区共建是推动低碳环保活动有效实施的重要手段之一，需要政府、社区和居民三方共同努力守护我们的地球家园，并实现可持续发展的目标。

小提示

政府应根据公众反馈和实施效果，灵活调整激励机制的内容和形式，确保激励措施持续有效以及激励机制透明公正，避免任何形式的歧视和偏见，从而获得公众的信任和支持。

相关链接

多元化激励机制的综合运用

在实际操作中，多元化激励机制往往不是孤立存在的，而是相互关联、相互补充的。政府可以根据不同领域、不同参与主体的特点和需求，综合运用多种激励手段来推动碳减排工作的开展。

一、针对不同领域的综合激励

1. 新能源汽车领域

（1）补贴政策：由政府为购买新能源汽车的消费者提供购车补贴，直接降低购车门槛，激发市场需求。补贴可以根据车型、电池续航能力等因素进行差异化设置，以引导消费者选择更环保、能效更高的车型。

（2）税收减免：对新能源汽车实施购置税减免或低税率等政策，进一步减轻消费者负担。同时，还可对新能源汽车产业链上的企业给予税收优惠政策，鼓励其加大研发投入和生产规模。

（3）充电基础设施建设：由政府投资建设充电站、充电桩等基础设施，解决新能源汽车的充电难题。此外，还可以鼓励社会资本参与充电设施建设，形成多元化的充电服务网络。

（4）限行限购政策：在部分城市实施新能源汽车优惠政策，对燃油车进行限制，以推动新能源汽车的普及和应用。

2. 绿色建筑领域

（1）绿色建筑标准与认证：严格的绿色建筑标准和认证体系，对建筑物的节能、环保性能提出明确要求，促使开发商在设计、施工、运营等各个环节注重绿色低碳理念。

（2）财政补贴与税收优惠：对符合绿色建筑标准的项目给予财政补贴和税收减

免优惠，以降低开发商的建设成本，提高其开发绿色建筑的积极性。同时，对购买绿色建筑的消费者也可以给予一定的税收优惠或购房补贴。

（3）金融支持：由金融机构为绿色建筑项目提供绿色信贷、绿色债券等金融产品和服务，以降低其融资成本。政府也可以设立绿色建筑发展基金，为绿色建筑项目提供资金支持。

（4）宣传推广与示范引领：通过媒体宣传、展会展示等方式，提高公众对绿色建筑的认识度和接受度。政府可以开展绿色建筑示范项目参观学习活动，展示绿色建筑的优势和好处，以形成示范效应。

3. 节能减排与资源循环利用领域

（1）碳排放权交易：将企业纳入碳排放权交易市场，通过市场机制引导企业降低碳排放。企业可以通过节能减排、技术创新等方式减少碳排放量，并将富余的碳排放权在市场上出售以获取经济利益。

（2）节能技术改造与推广：鼓励和支持企业进行节能技术改造，如使用高效节能设备、优化生产工艺等，以降低能耗和碳排放。同时，推广节能技术和产品，提高全社会的节能意识和减排能力。

（3）资源循环利用与废弃物管理：推动资源循环利用和废弃物有效管理，减少资源浪费和环境污染。政府可以制定相关政策措施，如垃圾分类、再生资源回收利用等，鼓励企业和个人对资源循环利用。

（4）绿色金融与环保产业：发展绿色金融和环保产业，为绿色低碳项目提供资金支持和技术服务。金融机构可以创新绿色金融产品，如绿色债券、绿色基金等，为环保项目提供融资支持。同时，政府还可以培育和发展环保产业，推动绿色低碳技术的研发和应用。

二、针对不同参与主体的综合激励

1. 个人层面

（1）积分奖励：建立个人碳账户体系，对个人的低碳行为给予积分奖励。用户利用这些积分可以兑换商品、服务或享受其他优惠待遇，获得实实在在的经济利益。

（2）荣誉表彰：对在碳减排方面作出突出贡献的个人给予表彰和奖励，提升其社会声誉和影响力。这种精神层面的激励有助于形成示范效应，带动更多人参与碳减排活动。

2. 企业层面

（1）碳排放权交易：企业可以通过节能减排、技术创新等方式减少碳排放量，并将碳排放权在市场上出售。

（2）绿色金融支持：通过提供金融产品和服务、设立绿色基金等方式降低企业的融资成本，支持企业低碳技术的研发和推广。

3. 社区层面

（1）社区共建共享：鼓励社区居民共同参与低碳生活方式的推广和实践。可通过开展低碳知识讲座、环保主题活动等方式提高居民的环保意识和参与度。同时，还可以建立社区低碳设施共享机制如共享充电桩、共享自行车等，减少资源浪费和碳排放。

（2）政策支持与引导：为低碳社区建设提供政策支持和引导。例如，制定低碳社区建设标准、采取财政补贴和税收优惠等激励措施，鼓励社区开展低碳改造和节能减排等工作。

综上所述，多元化激励机制的综合应用需要政府、企业、个人和社区等多方的共同努力和协作。只有这样，才能形成协同效应，共同推动碳减排和绿色低碳可持续发展。

7.3.3 社会监督与反馈机制

建立健全社会监督与反馈机制，是确保碳普惠政策公平、透明、高效运行的重要保障。公开透明的监督过程和及时的响应机制，可以有效地激励企业和公众参与减排行动，共同促进“双碳”目标实现。

7.3.3.1 完善信息公开与披露制度

明确信息披露的内容与范围、确定信息披露的方式与渠道、制定信息披露的标准与规范、建立信息披露的监督与反馈机制以及加强宣传与教育等措施，可以推动碳普惠体系向透明化、规范化发展，增强公众对碳普惠项目的信任度和支持度。

（1）明确信息披露的内容与范围。信息披露的内容与范围如图 7-24 所示。

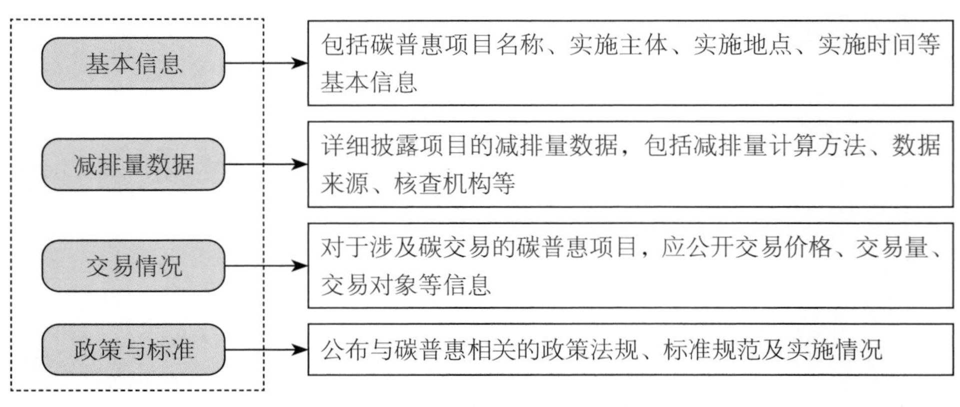

图 7-24 信息披露的内容与范围

（2）确定信息披露的方式与渠道。信息披露的方式与渠道如图 7–25 所示。

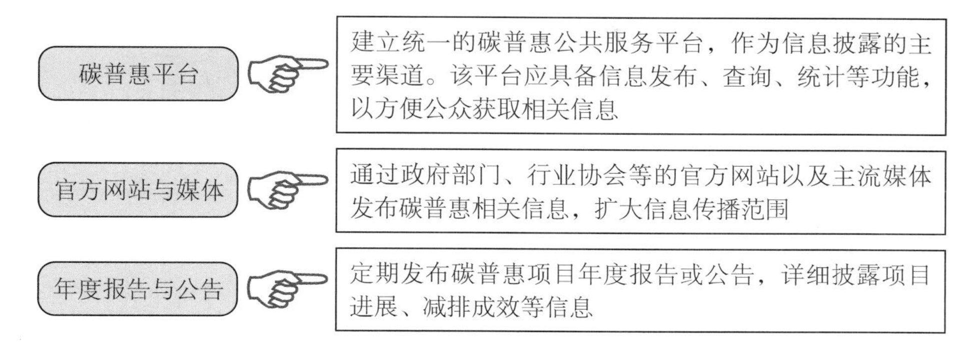

图 7–25　信息披露的方式与渠道

（3）制定信息披露的标准与规范。一方面，制定统一的信息披露标准和规范，确保信息的可比性和一致性，让公众更好地理解和比较不同碳普惠项目的减排效果。另一方面，强调数据的真实性和准确性，要求项目主体和核查机构对披露的数据进行严格把关，避免虚假信息传播。

同时，提高信息披露的透明度，确保公众能够全面了解碳普惠项目的实施情况、减排成效及潜在风险。

（4）建立信息披露的监督与反馈机制。建立信息披露监督与反馈机制的具体措施如表 7–33 所示。

表 7–33　建立信息披露监督与反馈机制的具体措施

序号	具体措施	详细说明
1	第三方核查	引入独立的第三方机构，对碳普惠项目的减排量数据进行核查，确保数据的真实性和准确性
2	公众监督	鼓励公众通过举报、投诉等方式参与监督，对发现的问题及时进行处理并反馈
3	定期评估	政府部门或行业协会定期对碳普惠项目的信息披露情况进行评估，对表现优异的项目给予表彰和奖励，对存在问题的项目提出整改意见

（5）加强宣传与教育。一方面，通过媒体宣传、公益广告、社区活动等方式普及碳普惠理念和相关知识，提高公众的认知度和参与度。另一方面，加强对政府部门、第三方机构和碳普惠项目主体的培训，提高人员的业务能力和专业素养，确保信息披露工作顺利进行。

7.3.3.2　建立举报与投诉机制

在碳普惠实践中，构建高效、公开、透明的举报与投诉机制至关重要，不仅能够保护公众的参与权与监督权，还能有效遏制违规行为，维护碳普惠体系的健康发展，具体措施如图 7–26 所示。

图 7-26　建立举报与投诉机制的具体措施

（1）建立举报渠道。为方便公众进行监督，应在碳普惠公共服务平台、政府部门官方网站、社交媒体平台等设立醒目的举报投诉专栏，提供清晰的操作指南，包括举报流程、所需材料、联系方式等内容，以降低公众举报的门槛。

考虑到举报人的安全，应同时提供匿名举报和实名举报两种方式。对于匿名举报，应确保举报内容的保密性，避免泄露举报人身份信息；对于实名举报，应对举报人信息进行严格保密，并在处理过程中给予必要的支持与保护。

小提示

举报渠道的设计应充分考虑用户体验，如设置一键举报功能、提供多种语言支持、优化界面布局等，使公众能够轻松完成操作。

（2）及时处理。组建专门的举报投诉处理团队，确保在收到举报投诉后能够迅速响应，及时启动调查程序。对于紧急或重大违规行为，应启动应急处理预案，确保问题得到及时解决。在处理举报内容时，应秉持公正、客观的原则，进行全面、深入的调查，并搜集充分的证据材料，确保调查结果的真实性和准确性。

调查结束后，应及时将处理结果反馈给举报人，同时，对于违规的主体，应根据相关法律法规和碳普惠政策进行处理，并公开处理结果，接受社会监督。

（3）保护举报人。保护举报人的方式如图 7-27 所示。

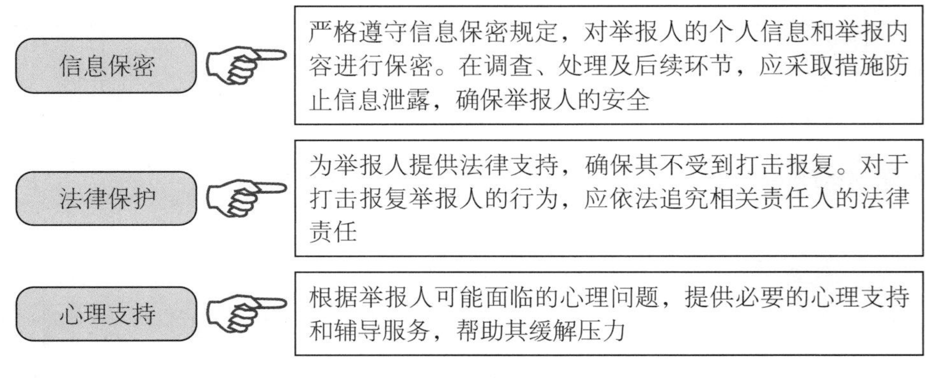

图 7-27　保护举报人的方式

7.3.3.3　建立奖惩机制

在碳普惠实践中，建立公平、透明且有效的奖惩机制，不仅能激励企业和个人积极参与碳减排活动，还能对违规行为形成有效制约，保障碳普惠体系健康运行。

（1）奖励优秀项目

① 目的与意义，如图 7-28 所示。

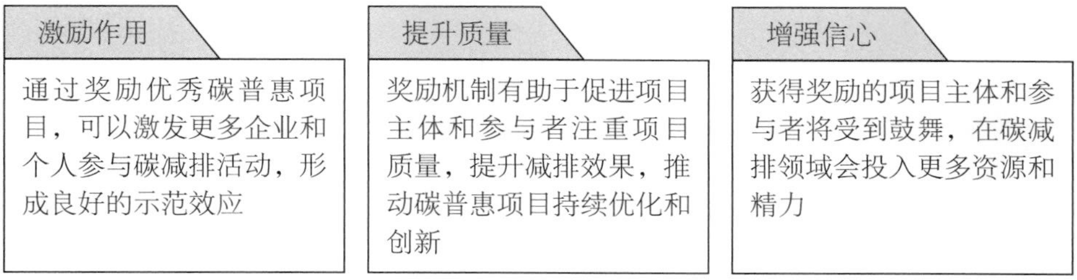

激励作用

通过奖励优秀碳普惠项目，可以激发更多企业和个人参与碳减排活动，形成良好的示范效应

提升质量

奖励机制有助于促进项目主体和参与者注重项目质量，提升减排效果，推动碳普惠项目持续优化和创新

增强信心

获得奖励的项目主体和参与者将受到鼓舞，在碳减排领域会投入更多资源和精力

图 7-28　奖励优秀项目的目的与意义

② 奖励方式，如图 7-29 所示。

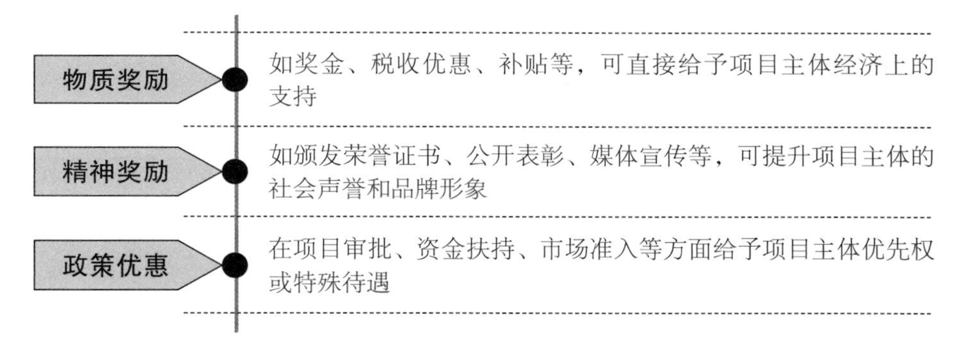

图 7-29　奖励优秀项目的方式

③ 评选标准，如图 7-30 所示。

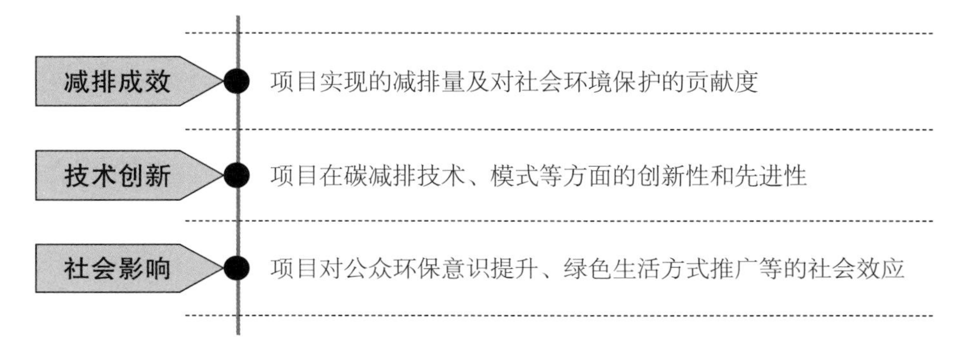

图 7-30　优秀项目的评选标准

（2）惩处违规行为

① 目的与意义，如图 7-31 所示。

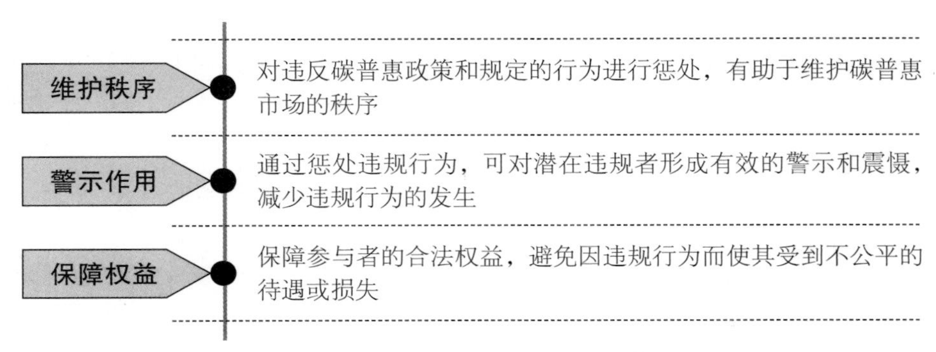

图 7-31　惩处违规行为的目的与意义

② 惩处方式，如图 7-32 所示。

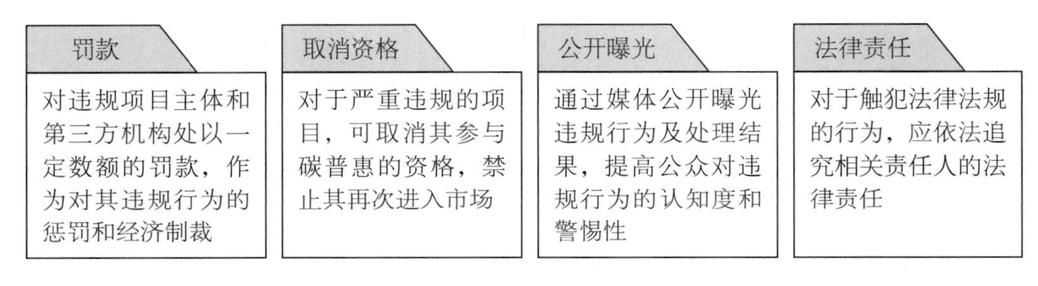

图 7-32　惩处违规行为的方式

③ 实施原则，如图 7-33 所示。

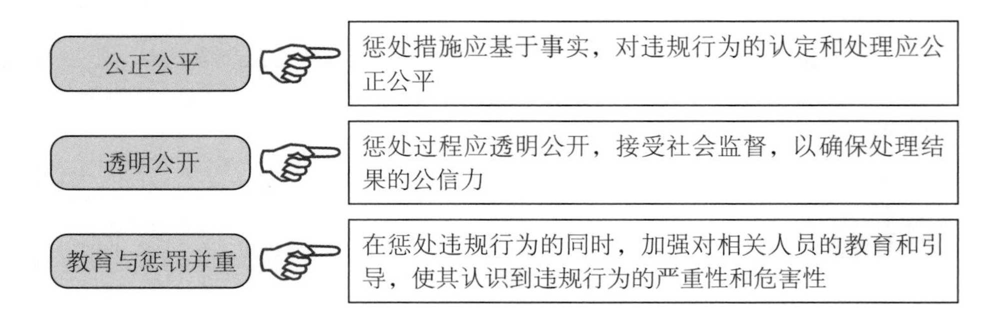

图 7-33　惩处违规行为的实施原则

7.3.3.4　建立反馈与改进机制

在碳普惠实践中，建立有效的反馈机制是确保碳普惠政策持续完善并提升实施效果的关键环节。这一机制不仅可以直接收集公众的意见和建议，还能为政策制定提供参考，从而促进政策的动态调整和优化。

（1）建立多元化的反馈渠道，具体如表 7-34 所示。

表 7-34　建立多元化的反馈渠道

序号	反馈渠道	具体说明
1	在线平台	建立专门的碳普惠政策反馈网站或 APP 页面，让公众能够方便地提交自己的意见和建议。这些平台应具有友好的用户界面，支持文字、图片、视频等多种形式的反馈
2	社交媒体	利用微博、微信公众号、抖音等社交媒体平台，设置话题标签或官方账号，鼓励公众参与讨论，分享自己的体验和看法。这些平台的高互动性和广泛性有助于快速收集反馈信息
3	热线电话与邮箱	提供专门的热线电话和电子邮箱，为那些不熟悉互联网操作的群体提供便利，确保反馈渠道全面覆盖

（2）及时收集与整理反馈信息，具体步骤如图 7-34 所示。

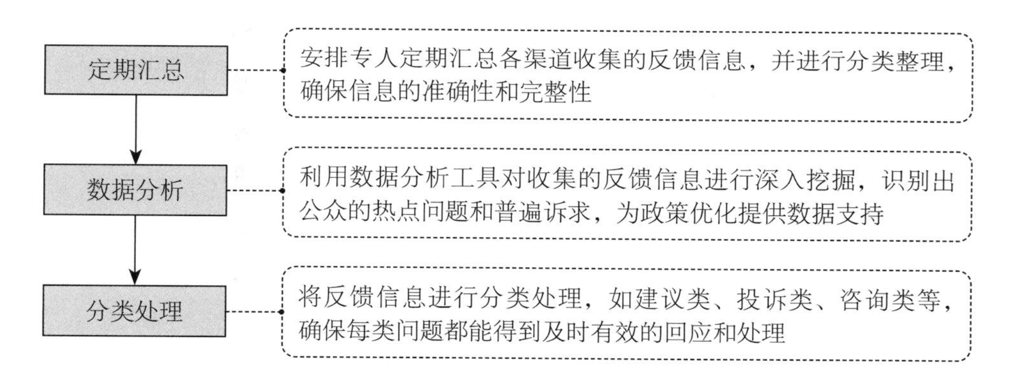

图 7-34　收集与整理反馈信息的步骤

（3）政策优化与实施，具体措施如表 7-35 所示。

表 7-35　政策优化与实施的具体措施

序号	具体措施	详细说明
1	政策调整	根据反馈信息的分析结果，对碳普惠政策进行适当调整和优化。例如，针对公众反映的参与门槛过高问题，可以考虑降低门槛或提供更多的支持；对于政策执行过程中的不足，应及时修正并加强监管
2	提升透明度	提升政策制定和执行过程的透明度，公开政策调整的原因、过程和结果，让公众及时了解政策的变化，增加公众的信任感
3	加强宣传引导	针对公众反馈的认知不足或误解等问题，加强碳普惠政策的宣传与引导，通过发放宣传材料、举办讲座和培训等方式，提高公众对碳普惠政策的理解和认同

（4）建立持续改进的闭环机制，具体措施如图 7-35 所示。

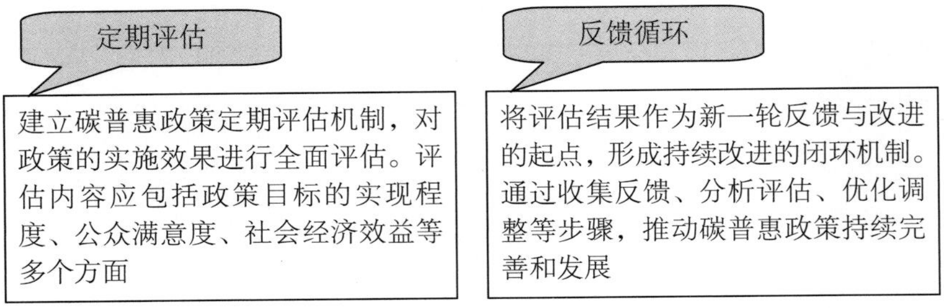

图 7-35　建立持续改进的闭环机制的具体措施

第 8 章

碳普惠应用场景

8.1 低碳消费

如今，低碳消费已成为推动社会可持续发展、实现碳减排目标的重要途径。低碳消费不仅能够减少个人和家庭的碳排放，还能促进整个社会的绿色转型。在碳普惠应用场景中，低碳消费被赋予了新的活力和意义，通过激励机制，会有更多人参与到绿色行动中来。

8.1.1 绿色消费

绿色消费作为一种现代生活理念，其目的在于平衡个人或家庭基本生活需求与环境保护之间的关系。它倡导的是一种负责任的消费模式，即消费者在作出购买决策时，不仅考虑商品的功能、价格等因素，还会特别关注其环保性、节能性和可持续性。

8.1.1.1 环保标准的考量

在绿色消费中，判断商品是否符合环保标准的依据如图 8-1 所示。

1 是否在生产过程中采用了低污染、低能耗技术

2 是否使用了可再生或回收材料

3 是否在生产、包装、运输等各个环节都尽可能减少对环境的影响

图 8-1 判断商品是否符合环保标准的依据

消费者选择符合环保标准的商品，等于直接支持了环保事业的发展，促进了资源的合理利用，减少了对自然环境的破坏。

8.1.1.2 低碳生产过程

绿色消费还强调产品的生产过程要低碳。这就意味着在产品的生产过程中要尽可能减少温室气体排放、降低能源消耗、采用清洁能源等。这种低碳生产方式不仅有助于应对全球气候变化，还能提高企业的经济效益和社会责任感。消费者可以通过查看产品生产流程、能耗标识等信息，来判断产品是否属于低碳生产范畴。

（1）查看产品生产流程。这可从图 8-2 所示的几个方面入手。

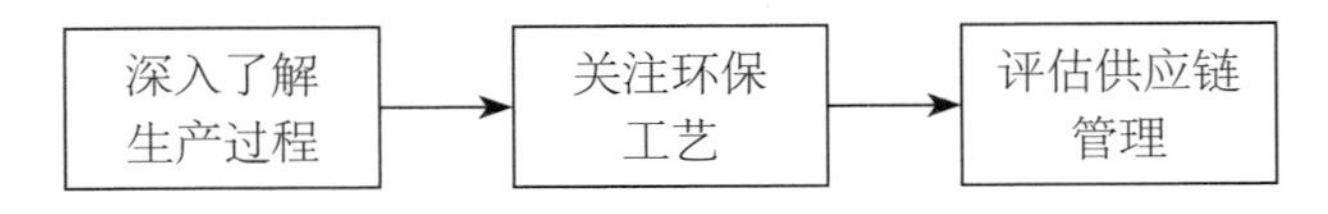

图 8-2　查看产品的生产流程

① 深入了解生产过程。消费者可以通过产品说明书、企业官网或第三方认证机构等渠道，获取详细的产品生产流程信息。这些信息通常包括图 8-3 所示的环节，可帮助消费者判断产品在整个生命周期是否采取了节能减排、资源循环利用等环保措施。

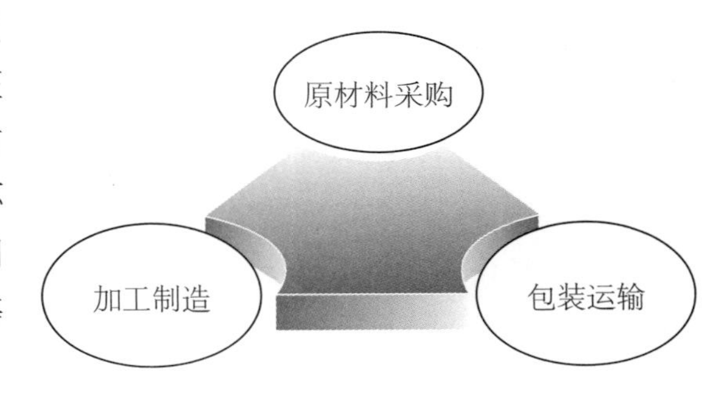

图 8-3　生产信息包括的环节

② 关注环保工艺。在查看产品生产流程时，消费者应特别关注企业是否采用了环保生产工艺和技术。这些环保工艺和技术的应用，是产品低碳属性的重要体现。

比如，企业生产是否使用了清洁能源，是否采用了节能减排的设备和技术，是否对废弃物进行了有效的处理和回收等。

③ 评估供应链管理。低碳生产不仅要求企业自身采取环保措施，还要求其供应链管理也符合低碳要求。因此，消费者在选择商品时，还可以关注企业的供应链管理情况，看其是否对供应商进行了环保评估和筛选，以确保整个供应链都符合低碳标准。

（2）查看能耗标识。这可从表 8-1 所示的几个方面入手。

表 8-1　查看能耗标识

序号	内容	具体说明
1	了解能耗等级	能耗标识是产品能效等级的直接体现，通常以标签形式附着在产品上或产品说明书中。消费者可以通过查看能耗标识，了解产品的能效等级和能耗水平。能效等级越高，说明产品在相同功能下消耗的能源越少，碳排放量也会相应降低
2	对比同类产品	消费者还可以将目标产品与同类产品的能耗标识进行对比，更加清晰地了解目标产品在同行业中的能效水平，从而作出明智的选择

续表

序号	内容	具体说明
3	关注长期成本	虽然低碳产品的初期购买成本可能略高于传统产品，但其在使用过程中能够显著降低能耗和碳排放，从而降低长期使用成本，因此消费者在选择商品时也应关注产品的长期成本效益

（3）综合评估与选择。在了解了产品的生产流程和能耗标识等信息后，消费者可以综合评估产品的低碳属性，并结合自己的实际需求和预算作出选择。同时，消费者还可以通过社交媒体、消费者论坛等平台，了解其他用户对产品的评价，以便更加全面地了解产品的性能和环保表现。

8.1.1.3　可回收与可降解产品的选择

在绿色消费方面，可回收与可降解产品成了一个至关重要的选择。这两种类型的产品是环保消费的重要基石，可减少垃圾产生、降低资源消耗，并最终减轻对环境的污染。

（1）可回收产品的价值。可回收产品是指那些在生产、消费过程中产生的废弃物，经过特定的回收处理流程，能够转化为新的原材料或产品。这类产品的显著特点在于“再生性”，即资源的循环利用。常见的可回收产品包括但不限于表 8-2 所示的几类。

表 8-2　可回收产品的类别

序号	类别	具体说明
1	金属包装	如铝罐、铁罐等，这些金属材料具有很高的回收价值，经过熔炼后可以被重新铸造成新的金属制品
2	纸质包装	包括纸盒、纸箱、报纸、杂志等，这些纸制品通过回收、破碎、制浆等工艺，可以被重新制成纸张或纸板
3	塑料瓶和容器	许多塑料包装都标有回收标志，表明它们可以被回收并转化为新的塑料制品或用于其他领域
4	玻璃制品	玻璃瓶、玻璃罐等玻璃制品由于稳定的化学性质，回收后可以直接被熔化制成新的玻璃制品

选择可回收产品，不仅可以减少垃圾填埋和焚烧的数量，还能节约原材料资源，降低能源消耗和温室气体排放。同时，也能促进循环经济的发展，形成一个资源再利用的良性循环。

（2）可降解产品的优势。与可回收产品不同，可降解产品强调的是在自然环境中的无害化分解能力。这类产品在使用后，能够在微生物的作用下逐渐分解为无害的物质，如二氧化碳、水等，从而减少对环境的污染。常见的可降解产品包括表 8-3 所示的几类。

表 8-3　可降解产品的类别

序号	类别	具体说明
1	生物降解塑料袋	这类塑料袋由植物淀粉、纤维素等天然材料制成，可以在特定条件下被微生物降解，减少对土壤的污染
2	可降解餐具	如纸质餐具、玉米淀粉餐具等，使用后能在自然环境中较快分解，避免了传统塑料制品的长期污染问题
3	有机肥料	许多有机废弃物经过堆肥化处理后，可以转化为富含养分的有机肥料，实现了废物的资源化利用

选择可降解产品，意味着在消费过程中减少了对环境的潜在威胁。对于那些难以回收或回收成本较高的产品而言，可降解性成了一个重要的环保指标。

绿色消费就是鼓励消费者在选择产品时优先考虑可回收和可降解产品。这不仅是个人行为的改变，更是一种对环境保护的责任。通过选择这些产品，消费者不仅确保了自己和家人的健康，也为地球的美好未来贡献了一份力量。同时，还促进了企业向更环保、可持续的生产方式转型，推动了整个社会的绿色发展。因此，我们应当积极倡导和践行绿色消费理念，从日常生活中的点滴做起，共同保护我们赖以生存的美丽家园。

8.1.1.4　双重益处的体现

绿色消费不仅为环境保护贡献了力量，还为消费者带来了实实在在的好处。在碳普惠平台上，消费者通过选择绿色商品和服务，可以累积积分或获得奖励，用于兑换各种优惠、折扣或礼品等。这种双重益处的激励机制，使绿色消费更具有吸引力和可持续性。

8.1.2　购买绿色标签商品

8.1.2.1　绿色标签的定义与意义

绿色标签商品，顾名思义，是指那些经过严格评估和认证，符合特定环保、节能和可持续性标准的商品。这些标准通常涵盖了从原材料采购、生产加工、包装运输到最终废弃处理的商品全生命周期，确保商品在整个生命周期内对环境的负面影响达到最小。绿色标签的存在，不仅为消费者选择环保商品提供依据，也推动了企业向绿色、可持续生产方式转型。

8.1.2.2　绿色标签的认证

绿色标签的认证通常由独立的第三方权威机构负责，这些机构应具备专业的技术和评估能力，能够确保认证过程的公正性和科学性。认证过程一般包括图 8-4 所示的几个步骤。

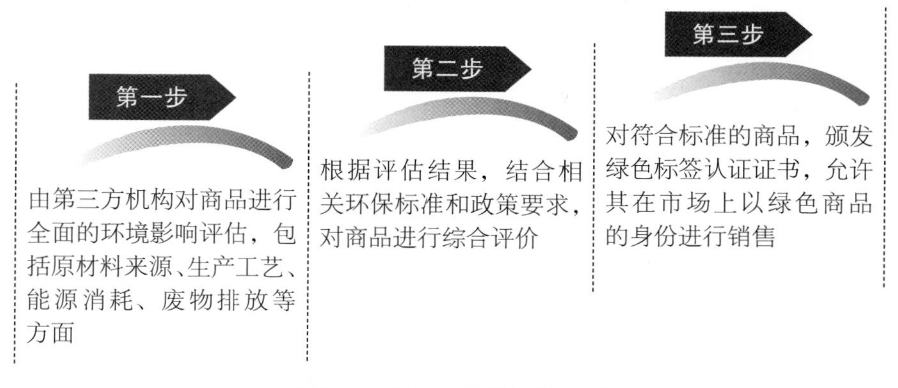

图 8-4　绿色标签的认证步骤

8.1.2.3　绿色标签商品在碳普惠中的应用

在当前的环保热潮下，碳普惠作为一种新型的环保激励机制，正逐步影响消费者的日常生活，主要通过引导消费者购买绿色标签商品来推动低碳消费。这一过程不仅体现了消费者对环保责任的履行，也为企业提供了转型升级的动力。

（1）碳普惠平台的角色。碳普惠平台作为连接消费者与绿色商品的桥梁，发挥着至关重要的作用。该平台通过构建一套完善的积分或奖励系统，将环保行为与实质性的利益挂钩，激励消费者主动选择绿色标签商品。该平台不仅提供了绿色商品环保信息和碳减排量的查询途径，还通过积分兑换、优惠折扣等方式，让消费者在享受购物乐趣的同时为环境保护作出贡献。

（2）绿色标签商品的识别。绿色标签商品之所以能够得到消费者的青睐，关键在于其背后严格的认证过程。这些商品在生产、加工、包装、运输等各个环节都应符合特定的环保标准，如使用可再生材料、减少能源消耗、降低废弃物排放等。商品上的绿色标签或二维码成了消费者识别其环保属性的重要标志。消费者只需扫描或输入相关信息，即可在碳普惠平台上获取商品的详细环保信息，包括商品生产过程中的碳足迹、使用的环保技术等。

（3）积分或奖励机制的作用。碳普惠平台通过积分或奖励机制，将消费者的环保行为转化为可量化的价值。当消费者选择购买绿色标签商品时，平台会根据商品的环保程度和碳减排量，为消费者提供相应的积分或奖励。消费者可以利用这些积分在平台上兑换各种优惠、折扣或礼品，如购物券、会员特权、环保产品等。这种激励机制不仅增加了消费者的购买动力，也提高了他们对绿色消费方式的认识和接受程度。

8.1.2.4　绿色标签商品对社会的积极影响

购买绿色标签商品不仅可以减少个人碳足迹，提升公众环保意识，还能对整个社会产生深远的积极影响，具体如图 8-5 所示。

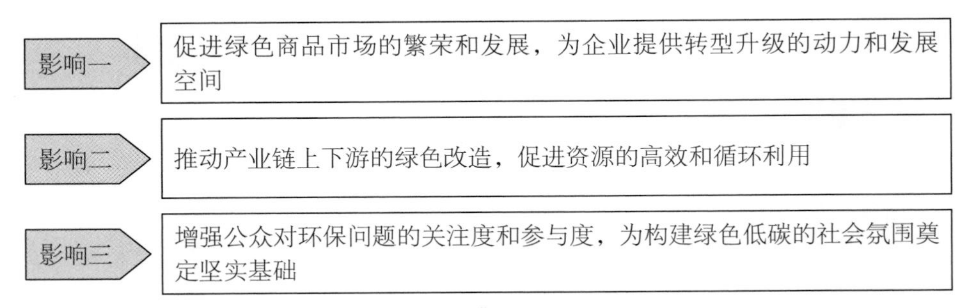

图 8–5　绿色标签商品对社会的积极影响

随着全球环保意识的不断提升和碳普惠机制的不断完善，绿色标签商品将在未来市场中占据更加重要的地位。未来，我们可以期待更多种类的绿色商品涌现出来，覆盖更广泛的消费领域；同时，碳普惠平台也将不断创新和完善，吸引更多消费者参与低碳消费。此外，政府、企业和公众之间的合作也将更加紧密，共同推动绿色低碳消费模式的形成和发展。

8.1.3　二手交易

8.1.3.1　二手交易的定义与意义

二手交易，简而言之，就是个人或商家将已经使用过的物品通过市场渠道再次出售给其他人的过程。这种交易方式在环保和经济层面都具有重要意义，如图 8–6 所示。

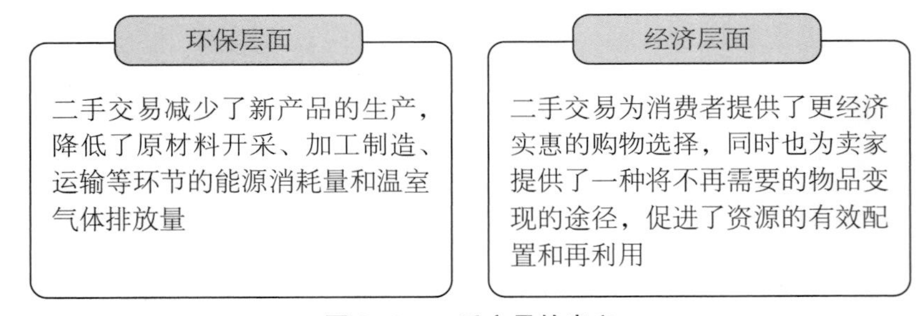

图 8–6　二手交易的意义

8.1.3.2　碳普惠平台中的二手交易板块

随着碳普惠理念的普及，越来越多的碳普惠平台开始重视并推广二手交易。这些平台通过设立专门的二手交易板块，为公众提供了一个便捷、安全的交易环境。在平台上，用户可以轻松发布自己的二手物品信息，也可以浏览并购买其他用户发布的二手商品。平台通常会提供商品描述、图片展示、交易评价等功能，帮助买家和卖家更好地了解交易对象，降低双方的交易风险。

8.1.3.3　积分或奖励机制对二手交易的促进

为了进一步鼓励公众参与二手交易，碳普惠平台还采取了积分或奖励机制。当用户成功完成一笔二手交易时，平台会根据交易金额、商品类别等因素给予用户一定的积分或奖励。用户可以利用这些积分或奖励在平台上兑换其他商品、优惠券或参与平台的其他环保活动。这种机制不仅增加了二手交易的吸引力，还提高了公众的环保意识和责任感，让他们更加积极地参与低碳消费和环保行动。

相关链接

碳普惠平台如何保证二手交易的公平性和公正性

碳普惠平台通常会采取一系列措施来确保二手交易过程透明、规范和安全。

1. 制定明确的交易规则和标准

（1）规则制定：碳普惠平台会制定详细的交易规则，明确买卖双方的权利和义务，规范交易流程，防止欺诈和不当行为发生。

（2）标准设立：设立统一的二手商品评估标准，包括商品的质量、新旧程度、价格等，为买卖双方公平交易提供参考依据。

2. 引入第三方评估机构

（1）专业评估：平台可以引入第三方评估机构对二手商品进行专业评估，确保商品信息的真实性和准确性。

（2）认证服务：为符合标准的商品提供认证服务，并在平台上进行标记，增加消费者的信任度。

3. 建立信用评价体系

（1）信用记录：平台会记录买卖双方的交易行为和信用状况，并形成信用档案。

（2）评价系统：鼓励双方在交易完成后进行评价，形成互评机制，为其他用户提供参考。

（3）奖惩机制：对于信用良好的用户给予奖励，如积分、优惠券等；对于信用不佳的用户则采取相应的惩罚措施，如减少交易权限等。

4. 提高监管和执法力度

（1）实时监控：平台会利用技术手段对交易过程进行实时监控，及时发现并处理违规行为。

（2）投诉处理：建立高效的投诉处理机制，对用户的投诉进行快速响应和处理，维护用户的合法权益。

（3）合作执法：与相关部门建立合作机制，对严重违规行为进行联合打击，形成有效的震慑力。

5. 宣传环保和诚信文化

（1）宣传教育：通过平台公告、社区论坛等方式，向用户宣传环保和诚信的重要性，提高用户的环保意识和诚信意识。

（2）树立榜样：表彰在二手交易中表现突出的用户和企业，为公众树立诚信经营的榜样。

6. 采用技术手段保障

（1）数据加密：采用先进的数据加密技术，保护用户的个人信息和交易数据不被泄露。

（2）区块链技术：利用区块链技术的不可篡改性和可追溯性，为交易过程提供可靠的记录和证明。

综上所述，碳普惠平台通过多项保障措施，构建了公平和公正的二手商品交易体系。这些措施不仅有助于维护交易市场的稳定秩序，还有助于推动低碳消费和循环经济的发展。

8.1.4 领取电子发票

8.1.4.1 电子发票的兴起与优势

随着信息技术的飞速发展和数字化转型的深入，电子发票作为传统纸质发票的替代品，正逐渐成为主流。电子发票以数字形式存在，通过互联网进行传输和存储，具有图8–7所示的优势。

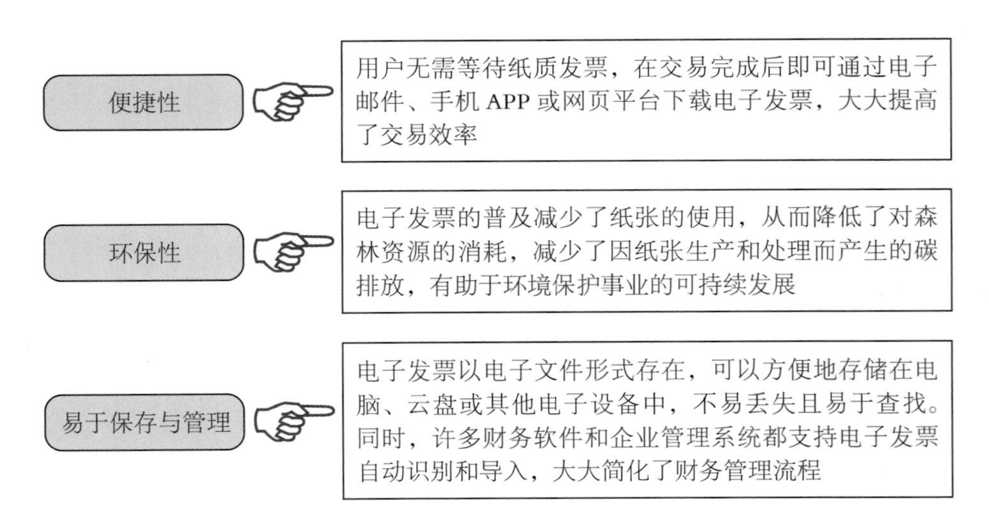

图 8–7 电子发票的优势

8.1.4.2　碳普惠平台与电子发票的结合

在碳普惠的推广过程中，电子发票的应用被赋予了新的意义。碳普惠平台通过与税务部门、商家等合作，将电子发票的领取与低碳消费积分奖励相结合，鼓励公众积极参与低碳行动。

（1）积分奖励机制。用户在购物时选择开具电子发票并将发票信息上传至碳普惠平台，即可获得一定数量的积分。这些积分可以用来兑换商品、优惠券或参与其他低碳活动，从而增强用户参与低碳消费的积极性。

（2）税务管理的数字化与智能化。电子发票的普及也促进了税务管理的数字化转型。税务部门可以通过电子发票系统实时监控交易数据，提高税务征收的效率和准确性。同时，电子发票的防伪、防篡改等特性也增强了税务管理的安全性。

8.1.4.3　公众习惯的培养

碳普惠平台通过对电子发票给予积分奖励，可促进公众逐渐养成开具和使用电子发票的习惯。这样不仅有助于减少纸张浪费和碳排放，还会促进整个社会向数字化、低碳化方向转型。同时，电子发票的广泛应用也为未来社会的数字化和智能化发展奠定了坚实的基础。

8.2 低碳饮食

碳普惠作为一种倡导绿色生活、鼓励公众参与碳减排的机制，正逐步融入公众的日常生活之中。在低碳饮食这一主题下，我们不仅能通过合理的膳食搭配促进身心健康，还能在日常生活中践行低碳理念，共同为地球减负。

8.2.1　光盘行动

“光盘行动”是一项倡导在餐饮消费中节约粮食、避免浪费的社会公益活动。

8.2.1.1　“光盘行动”的影响

“光盘行动”是一个多层次、多角度的环保行动。它不仅对个人、商家和社会产生了积极的影响，还推动了环保理念的传播。

（1）对个人层面的影响，具体如表 8-4 所示 。

表 8-4　“光盘行动”对个人的影响

序号	影响	具体说明
1	环保意识提升	通过参与“光盘行动”，个人不仅节约了粮食，还提升了环保意识。每次成功打卡并积累积分的过程，都是对环保理念的进一步理解和认同

续表

序号	影响	具体说明
2	形成生活习惯	随着时间的推移，“光盘行动”可能会成为一些人的日常生活习惯。他们会更加关注食物的量和质，合理点餐，避免浪费。这种生活习惯不仅有利于个人健康，也有助于减少碳排放
3	提升社交影响力	在社交媒体上分享“光盘”的经历，个人还能带动身边的朋友、家人甚至陌生人参与。这种基于社交网络的传播方式，使“光盘行动”的影响力迅速提升

（2）对商家层面的影响，具体如表8–5所示。

表8–5 “光盘行动”对商家的影响

序号	影响	具体说明
1	提升品牌形象	积极响应“光盘行动”的商家，可以通过设置“光盘打卡”优惠、提供可循环利用餐具等方式，树立良好的企业形象，从而吸引更多消费者关注
2	减少运营成本	食物浪费是商家不可忽视的问题。通过鼓励消费者参与“光盘行动”，商家可以有效降低食物浪费带来的损失，从而降低运营成本
3	推动行业创新	随着碳普惠机制的引入，商家可能会开发出更多符合环保理念的营销策略和服务方式，比如使用更环保的包装材料、提供小分量的菜品等，以满足消费者对低碳生活的需求

（3）对社会层面的影响，具体如表8–6所示。

表8–6 “光盘行动”对社会的影响

序号	影响	具体说明
1	节约资源	“光盘行动”的核心是节约粮食和资源。通过减少食物浪费，人们可以有效节约土地、水等宝贵资源，为社会可持续发展作出贡献
2	减少碳排放	食物生产和处理过程会产生大量的温室气体，减少食物浪费，意味着减少碳排放，降低对全球气候变化的负面影响
3	传承文化	在中国传统文化中，珍惜粮食一直被视为一种美德。“光盘行动”不仅是对这一美德的传承和弘扬，也是对现代社会文明的一种引领
4	出台政策	随着“光盘行动”的深入开展，政府可能会出台更多政策措施来支持这一行动，比如制定更加严格的食品浪费监管制度、加大对环保餐饮企业的扶持力度等

随着全球气候问题的日益严峻和人们环保意识的不断提高，我们有理由相信“光盘行动”会在未来发挥更加重要的作用，为美丽家园建设提供强有力的支持。

8.2.1.2　碳普惠在“光盘行动”中的应用

为了鼓励更多人参与到“光盘行动”中来，许多城市引入了碳普惠机制，通过数字化手段，将环保行为与经济效益相结合，形成了一种正向激励模式，具体如表8-7所示。

表8-7　碳普惠在“光盘行动”中的应用

序号	应用方式	具体说明
1	“光盘打卡”平台	政府或环保组织可推出“光盘打卡”小程序或APP，为消费者提供一个便捷的记录和分享平台。在这些平台上，用户只需在用餐结束后，将无剩余食物的餐盘拍照上传，并附上简短的描述或感言，即可完成一次“光盘”打卡
2	积分奖励制度	每次成功打卡，用户都能获得一定数量的碳积分或优惠券作为奖励，并用来兑换各种环保商品、餐饮折扣或其他优惠服务。通过这种方式，消费者在享受美食的同时，既能为环保事业贡献一份力量，也能获得实质性的回馈
3	正向循环机制	随着参与人数的不断增加，积分奖励制度形成了一种正向循环机制。越来越多的消费者意识到节约粮食的重要性，并愿意通过参与“光盘行动”来积累积分、兑换奖励。这种积极的氛围进一步推动了低碳生活方式的普及和传播
4	社会影响力提升	用户在平台上分享自己的“光盘”经历、感悟和成果时，会吸引更多人的关注和参与。这种社会化的传播方式使“光盘行动”的影响力不断提升，成为一种全民参与的环保行动

8.2.2　点小份菜

当今社会，随着人们生活水平的提高和消费观念的转变，餐饮行业迎来了前所未有的发展。然而，这也产生了食物浪费的问题，不仅浪费了宝贵的资源，还在生产、储存和运输过程中产生了大量的碳排放。因此，推广点小份菜，对于减少食物浪费、降低碳排放具有重要意义。

8.2.2.1　点小份菜的意义

点小份菜的意义主要体现在图8-8所示的几个方面。

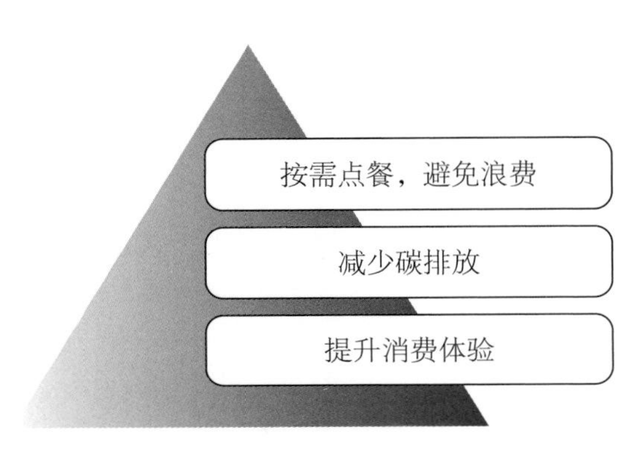

图 8-8　点小份菜的意义

（1）按需点餐，避免浪费。小份菜的出现，让消费者可以根据实际需求点餐，避免因过量点餐而导致食物浪费。这样不仅有利于个人健康，还能减少厨余垃圾的产生，对环境保护起到积极作用。

（2）减少碳排放。食物的生产、储存和运输等环节都会产生碳排放，通过推出小份菜，可以减少不必要的食物生产，从而降低碳排放。此外，小份菜还能促进餐饮行业的精细化管理，有助于实现资源的高效利用。

（3）提升消费体验。小份菜不仅满足了消费者对食物的需求，还让他们能够品尝到更多种类的菜品。这种多样化的选择有助于提升消费者的用餐体验，增强其对餐厅的好感度和忠诚度。

8.2.2.2　碳普惠平台的支持

为了响应低碳号召，越来越多的餐厅开始推出小份菜菜单。同时，这些餐厅还与碳普惠平台合作，对选择小份菜的顾客给予碳积分奖励。这些积分可以累积并用于环保公益活动或兑换更多优惠，从而进一步增强了消费者低碳饮食的动力。

碳普惠平台通过数字化手段，将消费者的环保行为与经济效益结合起来。消费者通过参与低碳饮食等环保活动，可以获得碳积分奖励。这种正向激励机制不仅激发了消费者的环保热情，还减少了食物浪费。

比如，饿了么平台将小份餐纳入用户碳账户，消费者选择低碳的小份餐将获得碳积分（减碳量），并兑换相关权益。此外，饿了么还联合多家机构制定了外卖行业首个小份餐碳减排计算标准，为行业内其他企业提供了参考依据。

此外，碳普惠平台还通过数据分析、用户画像等手段，为餐厅提供精准的市场定位和营销建议，帮助餐厅更好地了解消费者需求，优化产品和服务，实现可持续发展。

8.2.3　自带水杯

在当今社会，人们的环保意识日益增强，越来越多的人开始注意减少塑料污染。其中，外出就餐或日常饮水时自带水杯，便是一种简单而有效的环保行为。这样不仅体现了人们对环境保护的责任感，更在全社会范围内推动了低碳生活方式的发展。

8.2.3.1 自带水杯的意义

一次性塑料制品，如塑料杯、塑料吸管等，因便捷性而广受欢迎，但同时也带来了严重的环境污染问题。这些塑料制品在自然环境中难以降解，对土壤、水源和生物造成了极大的危害。因此，减少一次性塑料制品的使用，推广可重复利用的物品，成了当前环保行动的重要方向。

自带水杯正是对这一环保理念的积极响应。自带水杯，可以减少人们对一次性塑料杯的需求，从而降低塑料污染的风险。同时，还能够促进公众对环保问题的关注和思考，推动更多人参与环保行动。

8.2.3.2 商家与碳普惠平台的支持

为了鼓励消费者自带水杯，许多商家纷纷推出了“自带水杯优惠日”活动。例如，顾客只需携带可重复使用的水杯到店消费，即可享受饮品折扣或积分奖励。这样不仅激发了消费者的环保热情，还促进了商家与消费者之间的良性互动。

此外，碳普惠平台也将自带水杯的环保行为纳入积分体系。消费者通过参与这些环保活动，即可获得相应的碳积分并兑换各种环保商品、优惠券或其他奖励。

8.2.3.3 环保习惯的培养

自带水杯不仅是一种环保行为，更是一种生活方式的转变。通过长期的坚持，人们可以养成良好的环保习惯，将环保理念逐步融入日常生活中。同时还能够通过示范效应，带动身边的人一起参与环保活动。

自带水杯也将对餐饮行业产生积极的影响。随着消费者对环保产品需求的不断增加，餐饮行业不得不调整产品结构和生产方式，以适应市场的变化。这样有助于推动整个社会的绿色转型和可持续发展。

8.2.4 拒绝一次性餐具

一次性餐具不仅破坏了自然生态，还对人类的生存环境造成了威胁。因此，拒绝一次性餐具，成了当前环保行动的重要一环。

8.2.4.1 拒绝一次性餐具的意义

在餐馆用餐时，主动拒绝使用一次性筷子、餐盒等餐具，成了一种新的环保风尚。这一行为的背后，是公众对环境保护的深切关注和对可持续生活方式的追求。具体来说，拒绝一次性餐具具有图 8-9 所示的意义。

意义一	不仅减少了塑料垃圾的产生，还促进了餐饮行业的绿色转型。这一理念让公众更加关注环保问题，推动了社会的可持续发展
意义二	促进了餐饮行业的创新与发展。商家为了满足消费者对环保产品的需求，不断推出可循环利用的餐具和环保包装材料，不仅提升了服务水平，还为自己带来了新的增长点
意义三	让人们意识到，每个小小行动都能汇聚成巨大的力量，共同推动社会的进步和发展。这种正能量的传递，会激励更多人参与环保行动，共同守护我们的地球家园

图 8-9　拒绝一次性餐具的意义

8.2.4.2　商家的激励

为了鼓励消费者不使用一次性餐具，部分商家采取了积极的激励措施，例如，直接在账单上给予小额减免，作为对消费者环保行为的肯定和支持。这种做法不仅提升了商家的社会形象，还激发了消费者的环保积极性，形成了双赢的局面。

8.2.4.3　碳普惠平台的支持

除了商家的激励措施外，碳普惠平台也对拒绝一次性餐具的行为给予了大力支持。这些平台通过积分、环保勋章等形式，对积极参与环保行动的公众给予表彰和激励。消费者使用可循环利用的餐具后，可以在平台上获得相应的积分或勋章，并兑换各种环保商品、优惠券或奖励。这种双重激励机制，让公众在享受美食的同时，能感受到环保带来的成就感，从而更加坚定地投身环保事业。

8.2.4.4　拒绝一次性餐具的具体实践

拒绝一次性餐具的环保行动，需要公众、商家和政府的共同努力，具体如表 8-8 所示。

表 8-8　拒绝一次性餐具的具体实践

序号	实践主体	具体措施
1	公众	越来越多的人开始意识到一次性餐具的危害，并主动选择可循环利用的餐具。他们不仅在用餐时拒绝一次性餐具，还在日常生活中积极推广这一环保理念，带动身边人的参与
2	商家	越来越多的餐馆开始提供可循环利用的餐具，并通过张贴宣传海报、设置提示牌等方式，提醒顾客注意环保。同时，商家还与碳普惠平台合作，共同推广环保知识，形成了良好的社会氛围
3	政府	通过出台相关政策、加强监管等措施，推动餐饮行业的绿色转型。政府会鼓励商家使用可降解材料制作餐具，并对违规使用一次性餐具的行为进行处罚，这些措施有力地推动了环保行动的深入开展

8.3 低碳居住

在追求高品质生活的同时，低碳居住正逐渐成为现代家庭的选择。家庭的一系列环保行为，不仅能够减少碳排放，还能为地球的可持续发展贡献力量。

8.3.1 垃圾分类

垃圾分类作为低碳生活的基石，不仅关乎资源的有效利用，还是推动社会环保意识提升的关键。在碳普惠体系的框架下，垃圾分类被赋予了新的意义和价值，它不仅是一种责任和义务，还是一种可以获得实际回报的环保行为。

8.3.1.1 垃圾分类的环保意义

垃圾分类对资源循环利用和环境保护有着深远影响，不仅关乎我们当前的生活环境，更与未来的经济发展紧密相连。

（1）资源的循环利用。垃圾分类的第一步，就是将垃圾进行细致的分类，包括可回收物、有害垃圾、湿垃圾（厨余垃圾）和干垃圾等。每一类垃圾都有特定的处理方式和利用价值，具体如表8-9所示。

表8-9 不同类别垃圾的处理方式

序号	类别	处理方式
1	可回收物	纸张、塑料、金属、玻璃等物品在经过回收处理后，可以重新进入生产流程，成为新的资源。例如，废纸可以制成再生纸，废塑料可以加工成新的塑料制品，废旧金属可以回炉重炼。这种循环利用的方式，不仅减少了对新资源的需求，还降低了垃圾产生量
2	有害垃圾	电池、荧光灯管、过期药品等物品含有对人体或环境有害的物质，如果随意丢弃，会对土壤、水源和空气造成污染。通过垃圾分类，这些有害垃圾可以被专门收集和处理，避免了对环境的破坏
3	湿垃圾（厨余垃圾）	这类垃圾经过生物降解处理，可以转化为肥料或生物能源，既减少了垃圾填埋和焚烧的压力，又实现了资源的再利用
4	干垃圾	对于无法回收或生物降解的垃圾，如破损的陶瓷、卫生纸等，虽然再利用的价值较低，但通过分类处理，可以减少对环境的污染

（2）对环境保护的影响。垃圾分类对环境保护的影响主要体现在图8-10所示的几个方面。

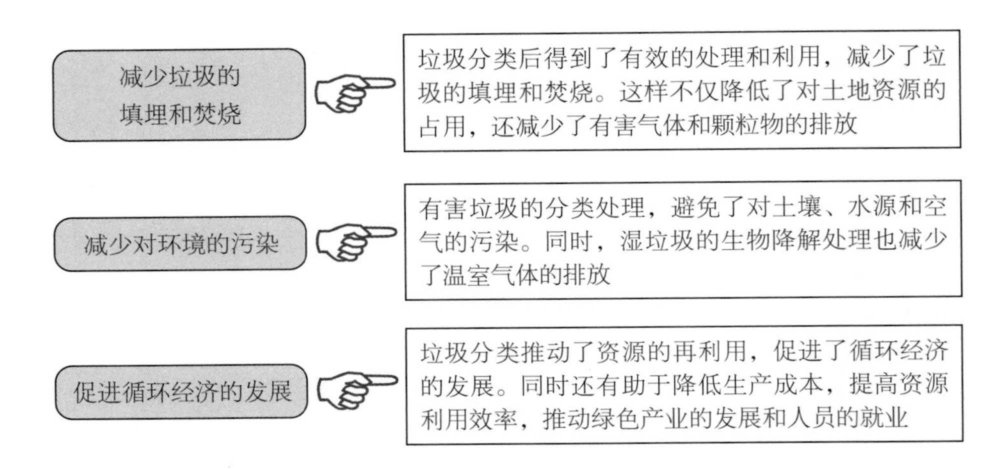

图 8-10　垃圾分类对环境保护的影响

（3）垃圾分类的深远意义。垃圾分类的意义不仅在于对当前环境的改善和保护，更在于对未来社会可持续发展的推动。通过垃圾分类，可以减少对新资源的需求和依赖，降低环境污染和生态破坏的风险。同时，也可以推动人们环保意识的提升和环保习惯的养成。

8.3.1.2　碳普惠体系下的垃圾分类

在碳普惠体系的推动下，垃圾分类已成为推动城市可持续发展、构建生态文明的重要举措。

（1）碳普惠体系的引入。碳普惠体系通过将环保行为量化为积分，进而转化为物质奖励或精神激励的方式，激发公众的环保积极性。在垃圾分类领域，碳普惠体系的作用尤为显著。

（2）垃圾分类的积分奖励。在碳普惠体系下，居民通过垃圾分类，可以累积积分，然后在碳普惠平台上兑换生活用品、优惠券等实物或虚拟商品。这不仅让居民获得了实质性的回报，也增强了他们的环保意识和责任感。

具体来说，居民应将不同种类的垃圾分别投放到指定的垃圾桶中。通过智能识别或人工检查的方式，系统可以判断居民垃圾分类是否正确，并据此给予其相应的积分奖励。这些积分可以用来累积和兑换，为居民提供额外的福利。

（3）积分奖励机制的效果。积分奖励机制的引入，对垃圾分类的影响，具体如图 8-11 所示。

1 激发居民参与垃圾分类的积极性。通过采取积分兑换奖励，使居民在垃圾分类的过程中获得成就感，从而更加愿意参与这项环保行动

2 提高垃圾分类的准确率和参与度。居民在追求积分和奖励的过程中，会更加注重垃圾分类的规范性，从而提高垃圾分类的准确率。同时，随着越来越多的居民关注垃圾分类，整个社会的环保参与度也会得到显著提升

3 促进环保意识的提升。通过碳普惠平台的宣传和推广，居民可以了解到更多垃圾分类和环保知识，从而增强自身的环保责任感。环保意识的提升不仅有助于推动垃圾分类的深入开展，也为社会的可持续发展奠定了坚实的基础

图 8-11　积分奖励机制对垃圾分类的影响

8.3.2　衣物回收

衣物回收是减少纺织废弃物、促进资源再利用的有效途径，受到社会各界的广泛关注。

8.3.2.1　衣物回收的碳普惠效益

衣物回收作为碳普惠体系中的重要一环，不仅对环境、社会和经济产生了正面影响，还促进了可持续发展理念的深入推广，具体如图 8-12 所示。

环境效益
衣物回收减少了垃圾填埋造成的环境污染。同时，废旧衣物中的纤维资源可以回收再利用，减少对自然资源的开采

社会效益
通过衣物回收，可以为贫困地区的人们提供衣物援助，传递爱心和温暖。此外，衣物回收也促进了资源的循环利用，符合可持续发展的理念

经济效益
衣物回收产业可以创造就业机会，促进经济发展。同时，通过碳积分兑换等机制，居民可以获得一定的经济收益

图 8-12　衣物回收的碳普惠效益

8.3.2.2　碳普惠体系下的衣物回收

衣物回收是一种创新的环保行为，碳普惠体系通过记录公众的低碳行为并给予奖励的方式，激励更多人参与这项环保活动。

（1）碳普惠平台与衣物回收企业的合作。碳普惠平台与衣物回收企业的合作，体现

了合作模式的创新。通过搭建线上平台，碳普惠体系为居民提供了便捷、高效的衣物回收服务。居民只需在平台上输入相关信息，就能了解附近回收点的位置、回收流程以及积分奖励政策等信息。这种线上线下的结合，极大地降低了衣物回收的门槛，使衣物回收变得更加方便、快捷。

同时，碳普惠平台还通过与衣物回收企业的紧密合作，实现了对废旧衣物的有效处理和再利用。回收企业会对收集到的衣物进行分类、清洗、消毒等处理，确保衣物的品质和环保价值实现最大化。处理后的衣物可以捐赠给贫困地区或用于生产再生纤维产品等，实现了资源的循环利用。

（2）碳减排量的计算与积分兑换。回收企业会对收集的废旧衣物进行处理，并根据衣物的材质、重量等计算碳减排量。碳普惠平台会根据回收企业提供的碳减排量数据，为参与衣物回收的公众发放相应的碳积分。每当公众完成一次衣物回收任务，就能在平台上获得相应的碳积分。这些积分可以累积起来，在平台上兑换各种环保商品或服务，如二手书籍、绿色出行券、环保购物袋等。

积分兑换机制的引入，不仅让居民在参与衣物回收的过程中获得了实质性的回报，还增强了他们的环保责任感。居民会更加关注自己的行为，并积极参与各项环保活动，共同为社会的可持续发展贡献力量。

8.3.2.3 推广新型消费模式——共享衣橱

除了衣物回收外，新型消费模式也是减少浪费、促进低碳生活的好方法。例如，共享衣橱就是一种新型的衣物消费模式。通过共享衣橱，居民可以租借到各种款式的衣物，满足自己的穿着需求，而无需购买大量的衣物。

（1）共享衣橱的概念与特点。共享衣橱是一种新兴的服装租赁服务，它让消费者在不购买服装的情况下，享有多样化的选择。这种服务模式的特点在于灵活性和环保性。消费者可以根据自己的需求和喜好，选择不同款式、不同品牌的服装进行租赁，无需承担购买服装所带来的经济压力。同时，共享衣橱还提供了衣物清洗、熨烫和配送等服务，为消费者提供便利。

（2）共享衣橱对减少浪费的积极作用，具体如图 8-13 所示。

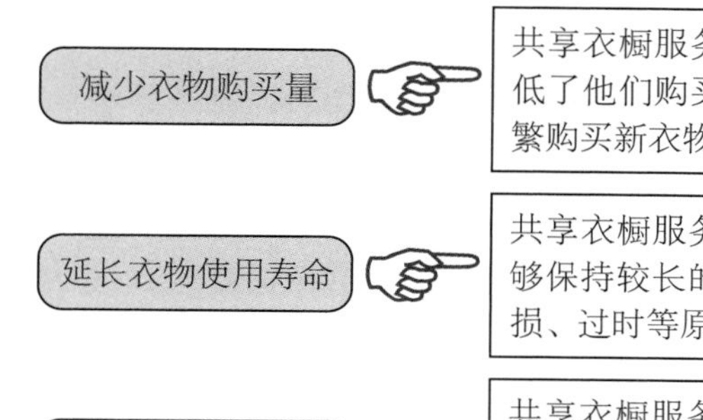

- 减少衣物购买量：共享衣橱服务为消费者提供了更多的穿衣选择，降低了他们购买新衣物的需求。这样有助于减少因频繁购买新衣物而产生的浪费，降低了对环境的污染
- 延长衣物使用寿命：共享衣橱服务中的衣物经过专业的清洗和保养，能够保持较长的使用寿命。这样有助于减少衣物因磨损、过时等原因而被丢弃的浪费现象
- 促进资源循环利用：共享衣橱服务通过租赁的方式，实现了衣物的循环利用。这样有助于减少新衣物的生产需求，降低对原材料和能源的消耗，从而减少对环境的破坏

图 8-13　共享衣橱对减少浪费的积极作用

（3）共享衣橱对低碳生活的促进作用，具体如图 8-14 所示。

- 降低碳排放量：共享衣橱服务通过减少衣物的购买和生产，降低了碳排放量。这样有助于缓解全球气候变暖，保护地球的生态环境
- 鼓励绿色消费：共享衣橱服务倡导绿色消费理念，鼓励消费者选择环保、可持续的消费方式。这样有助于提升公众的环保意识，推动社会向低碳环保的方向发展
- 提升生活质量：共享衣橱服务为消费者提供了更多的服装选择和更便捷的服务体验。这样有助于提升消费者的生活质量，让他们在不增加经济负担的情况下，享受更加多样化的生活体验

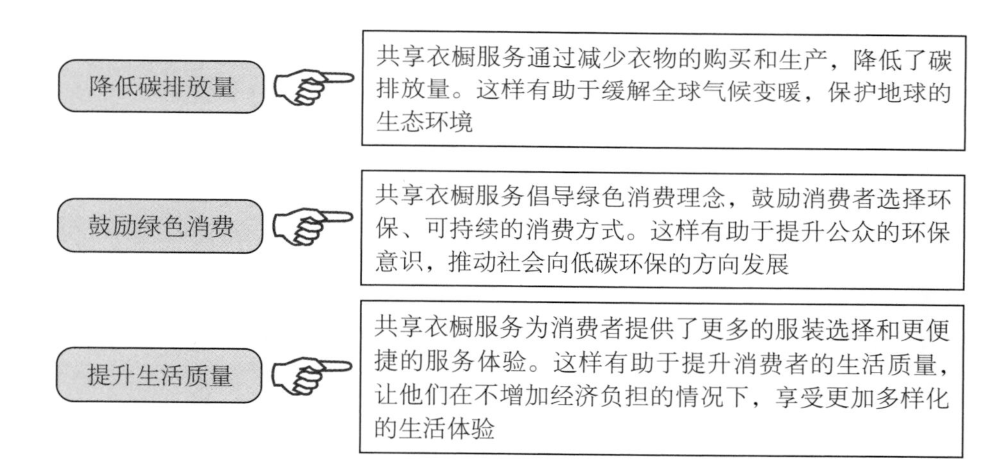

图 8-14　共享衣橱对低碳生活的促进作用

（4）推广共享衣橱服务的对策。尽管共享衣橱服务具有诸多优点，但在推广过程中仍面临一些挑战。例如，消费者对共享衣橱的认知度不高、共享衣橱的服务质量和安全性难以保障等问题。为了克服这些困难，我们可以采取图 8-15 所示的对策。

加强宣传推广	完善服务标准	加大监管力度
通过媒体宣传、社交媒体推广等方式，提高消费者对共享衣橱服务的认知度和接受度	制定和完善共享衣橱服务的相关标准和规范，以确保服务的质量和安全性	政府应加大对共享衣橱服务的监管力度，确保服务提供者遵守相关法律法规和行业标准

图 8-15　推广共享衣橱服务的对策

8.3.3 低碳用电

低碳用电是一种在日常生活中采取节能措施减少电力消耗，从而降低碳排放量的生活方式。低碳用电场景在碳普惠体系中是一个典型的环保与经济双赢的应用，旨在通过引导公众和企业采取低碳、节能的用电方式，减少碳排放，同时鼓励并奖励这些环保行为，推动全社会形成绿色低碳的生活方式。

8.3.3.1 低碳用电行为的量化与记录

在碳普惠体系中，为了奖励用户的低碳用电行为，首先需要将这些行为量化并记录下来。这一环节是整个碳普惠机制的基础，确保了后续碳减排量计算和积分发放的准确性和公正性。

（1）量化手段。

① 智能电表。智能电表是量化低碳用电行为的关键工具。它不仅能够实时监测用户的用电量，还能够记录用电时间、用电负荷等关键数据。这些数据对于分析用户的用电习惯、识别节能潜力以及计算碳减排量至关重要。通过智能电表，我们可以清晰地看到用户在不同时间段的用电情况，从而精准地评估他们的用电习惯。

② 物联网技术。物联网技术也为低碳用电行为的量化提供了有力支持。通过物联网技术，我们可以将家电设备连接到网络中，实时监测它们的耗电情况，从而更全面地了解用户的用电行为，包括设备的用电量以及用电时间分布等。这些信息对于制定个性化的节能方案、提高节能效果具有重要意义。

（2）记录方式。在碳普惠体系中，低碳用电行为的记录方式通常包括表 8-10 所示的几种。

表 8-10 低碳用电行为的记录方式

序号	记录方式	具体说明
1	实时记录	智能电表和物联网技术可以实现用电数据的实时记录。这样可以随时掌握用户的用电情况，及时发现并纠正错误的用电行为
2	历史数据查询	除了实时记录外，碳普惠平台还提供历史数据查询功能。用户可以通过平台查看自己的用电情况，包括每日用电量、用电负荷曲线等，了解自己的用电习惯，从而制订更合理的节能计划
3	数据分析与报告	在收集了足够的数据后，碳普惠平台还会进行数据分析，并生成相应的报告，通常包括用户用电情况分析、节能效果评估以及碳减排量计算等内容。通过这些报告，用户可以直观地了解自己的低碳用电成果，并获得相应的奖励和激励

（3）量化与记录的意义。低碳用电行为的量化与记录对于碳普惠体系的运行具有重要意义。首先，它确保了碳减排量计算和积分发放的准确性和公正性。通过实时监测

和记录用电数据，系统可以准确地计算出用户的碳减排量，并发放相应的积分进行奖励。这样，用户就会因自己的低碳用电行为获得相应的回报，从而更加积极地践行低碳理念。

其次，低碳用电行为的量化与记录有助于提高用户的节能意识和参与度。通过查看用电数据和节能效果评估报告，用户可以更加直观地了解自己的用电情况，并认识到节能的重要性，从而更加积极地采取节能措施，减少用电浪费。

最后，低碳用电行为的量化与记录还为政府和企业制定节能政策提供了有力支持。通过收集和分析大量的用电数据，可以更加准确地了解全社会的用电情况和节能潜力。这样，政府和企业就可以根据这些数据制定出更加科学、合理的节能政策，推动全社会的节能减排工作取得更好的成效。

8.3.3.2 碳减排量的计算与积分发放

在碳普惠体系中，碳减排量的计算与积分发放是激励用户低碳用电的核心。碳普惠体系通过科学的算法和合理的积分机制，将用户的低碳用电行为转化为可量化的碳减排量，并据此发放相应的积分。

（1）碳减排量的计算。碳减排量的计算是基于用户的用电监测数据。这些数据通常包括用户的用电量、用电时间、用电负荷等关键信息。通过对比用户在不同时间段或不同场景下的用电数据，系统可以推算出用户的低碳行为，如使用节能电器、合理调节空调温度、利用自然光照明等。

在计算碳减排量时，需要考虑图 8-16 所示的几个因素。

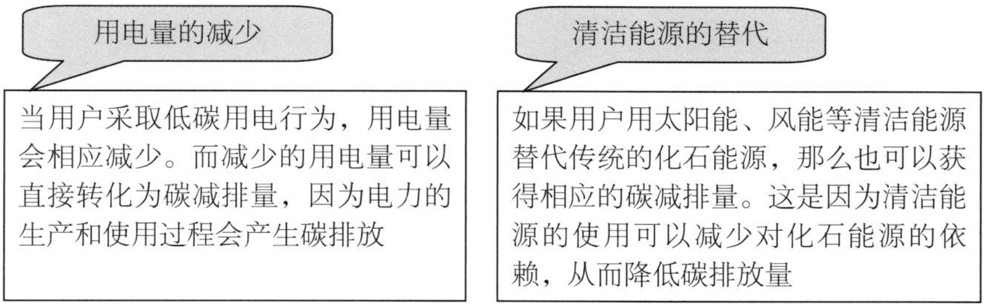

用电量的减少

当用户采取低碳用电行为，用电量会相应减少。而减少的用电量可以直接转化为碳减排量，因为电力的生产和使用过程会产生碳排放

清洁能源的替代

如果用户用太阳能、风能等清洁能源替代传统的化石能源，那么也可以获得相应的碳减排量。这是因为清洁能源的使用可以减少对化石能源的依赖，从而降低碳排放量

图 8-16 计算碳减排量需考虑的因素

为了准确计算碳减排量，碳普惠平台通常会采用科学的算法和模型，对用户的用电数据、用电习惯以及所在地区的能源结构等因素进行综合考虑。

（2）积分的发放。根据计算出的碳减排量，碳普惠平台会向用户发放相应的积分。这些积分是用户参与各种低碳活动、为环保事业作出贡献的证明，也是后续兑换奖励的依据。

积分的发放通常遵循一定的规则和标准，具体如图 8-17 所示。

平台会根据用户的碳减排量来确定积分的数量。一般来说，碳减排量越大，用户获得的积分就越多

平台会根据用户的用电行为和节能效果来评估他们的低碳贡献度，并根据贡献度发放相应的积分奖励

图 8–17　积分发放的规则和标准

除了基于碳减排量发放积分外，碳普惠平台还可以采取其他措施来激励用户采取低碳用电行为。例如，设立节能挑战赛、节能达人评选等活动，鼓励用户积极参与并分享他们的节能经验和成果。通过这些活动，用户不仅可以获得额外的积分奖励，还可以与其他用户交流互动，共同推动低碳用电理念的传播。

（3）积分的价值与用途。在碳普惠体系中，积分具有重要的价值和用途。首先，积分是用户在平台上参与各种低碳活动的凭证和证明。通过积累积分，用户可以展示自己在低碳用电方面的贡献和成果，并获得社会的认可和尊重。其次，积分还可以用于兑换各种奖励和优惠，例如节能电器、优惠券、折扣券等实用商品或服务。这些奖励和优惠不仅可以提高用户的节能积极性，还可以促进绿色低碳经济的发展。

此外，积分的价值还可以体现在碳交易上。随着碳交易市场的不断完善和发展，碳减排量已经成为一种重要的交易商品。因此，用户的碳减排量和积分也可以作为碳市场的交易标的物进行买卖。这样不仅可以给用户带来更多的收益，还可以促进碳市场的繁荣。

8.3.3.3　低碳用电的具体措施

低碳用电涉及家庭节能用电、公共节能用电、个人节能用电以及其他节能用电等多个方面。

（1）家庭节能用电，具体措施如表 8–11 所示。

表 8–11　家庭节能用电的具体措施

序号	措施	具体说明
1	使用节能电器	（1）选择能效等级高的电器产品，如节能灯泡、节能空调、节能冰箱等。这些产品在设计上更加节能，能够显著降低能耗 （2）对于老旧电器，如果其能效等级较低，可以更换为更节能的产品
2	合理使用电器	（1）避免电器长时间空转，如电视、电脑等，在不使用时应及时关闭或设置为待机状态 （2）对于空调、冰箱等需要长时间运行的电器，应定期清洁和维护，以确保其运行效率 （3）尽量等衣物积累到一定数量再用洗衣机进行洗涤，避免频繁启动洗衣机
3	改变用电习惯	（1）充分利用自然光照明，减少照明电器的使用。在白天光线充足的情况下，尽量不开灯或只开部分灯 （2）合理设置空调温度，夏季避免过低，冬季避免过高，以减少能耗

（2）公共节能用电，具体措施如表8-12所示。

表8-12 公共节能用电的具体措施

序号	措施	具体说明
1	推广绿色照明	（1）在公共场所如街道、公园、商场等，用LED等节能灯具替代传统灯具，以降低能耗 （2）合理安排照明时间，避免过度照明或无效照明
2	优化空调系统	（1）在公共建筑中，使用智能温控系统，根据室内外温度自动调节空调温度，以减少能耗 （2）定期对空调系统进行清洁和维护，以确保其运行效率
3	使用节能电梯	（1）在高层建筑中，使用节能电梯如变频电梯，能够显著降低能耗 （2）鼓励乘客合理使用电梯，如避免频繁上下楼、电梯满载运行等

（3）个人节能用电，具体措施如表8-13所示。

表8-13 个人节能用电的具体措施

序号	措施	具体说明
1	减少电子设备的使用	（1）尽量减少手机、电脑等电子设备的使用时间，避免长时间待机或充电 （2）使用电子设备时，尽量降低屏幕亮度，关闭不必要的后台程序和功能
2	推广电子支付和电子政务	（1）利用电子支付替代现金支付，以减少纸质票据 （2）积极参与电子政务，用电子邮件、电子公文等替代纸质公文和信函
3	养成节能习惯	（1）在日常生活中，养成随手关灯、拔插头的好习惯 （2）尽量减少不必要电器的使用，如电热水器、电烤箱等

8.3.4 节能节约

在碳普惠体系中，节能节约并不局限于电力的合理使用，而是涵盖了资源利用的多个方面，旨在引导居民在日常生活中形成低碳、环保的生活方式。

8.3.4.1 节能节约行为的量化与记录

在碳普惠体系中，节能节约行为需要被量化和记录，通常通过“物联网＋大数据”技术来实现。

比如，安装智能电表、智能水表等物联网设备，可以实时监测和记录家庭或企业的用电、用水情况，从而精确计算出节能减碳量。

同时，碳普惠平台还通过与各类生活服务平台对接，获取用户绿色出行、垃圾分类、资源回收等低碳行为数据，进一步丰富节能节约行为的记录维度。

8.3.4.2　节能节约行为的积分奖励

在量化和记录的基础上，碳普惠体系也会对节能节约行为进行积分奖励。这些积分不仅是对用户节能减碳行为的认可和激励，还可以作为用户在碳普惠市场上交易和兑换的依据。

比如，用户可以通过低碳用电、节约用水、使用公共交通工具出行等方式获得碳积分，并在碳普惠平台上兑换商品、服务或优惠券等。

此外，一些地区还尝试将碳积分与金融、保险等行业进行合作，为用户提供更多的增值服务。

8.3.4.3　节能节约的具体措施

（1）电能节约。电能节约是节能节约的重要组成部分。通过推广智能电表、智能家居系统等现代化技术，可以让居民更加精准地掌握家庭用电情况，实现用电的精细化管理。

比如，智能电表能够实时监测家庭用电量，帮助居民了解用电高峰和低谷，从而合理安排用电时间，避免浪费。同时，智能家居系统能够通过远程控制、定时开关等功能，进一步降低家用电器的能耗。

此外，碳普惠体系还可以实行电力节能奖励机制，例如，对于使用高效节能电器、合理调节空调温度等行为发放碳积分，激励居民在日常生活中绿色用电。

（2）水资源节约。水资源节约同样重要。在碳普惠体系中，可以采取对节水器具给予补贴的措施，鼓励居民使用节水型马桶、节水型水龙头等器具，减少日常生活中的水资源浪费。同时，还可以推广雨水收集、灰水回收等先进技术，将雨水、洗菜水等非饮用水资源进行处理，用来浇花、冲厕等，进一步降低家庭用水成本。

为了增强居民的节水意识，碳普惠体系还可以建立节水奖励机制，激励更多居民参与节水行动。

（3）减少一次性用品使用。减少一次性用品的使用也是节能节约的重要方面。在碳普惠体系中，可以通过奖励机制，鼓励居民携带可重复使用的购物袋、餐具等物品，减少一次性塑料制品的使用。同时，还可以推广环保包装材料、可降解塑料制品等，降低塑料制品对环境的污染。

（4）其他节能措施。在条件允许的情况下，使用太阳能、风能等可再生能源。例如，安装太阳能热水器、太阳能光伏板等设备，利用可再生能源进行加热和供电。

相关链接

如何让公众减少一次性用品的使用

让公众减少一次性用品的使用，可以从以下几个方面入手。

1. 提高环保意识

首先，需要提高公众的环保意识，让公众认识到一次性用品对环境的负面影响，了解一次性用品的不可降解性、资源浪费性以及环境污染性，从而增强环境保护的自觉性。

2. 养成良好的生活习惯

（1）外出购物时，尽量携带购物袋，减少一次性塑料物品的使用。可以选择布袋、环保袋等可重复使用的购物袋，既环保又实用。

（2）在餐馆就餐时，尽量选择餐馆提供的消毒餐具，减少一次性餐具的使用。同时自带水杯，减少一次性水杯的消耗。对于外卖食品，也可以选择环保包装或自带餐具，减少一次性餐具和包装的使用。

（3）在日常生活中，尽量选择可重复使用的个人护理用品，如毛巾、牙刷、洗发水等，避免使用一次性剃须刀、棉签等一次性用品。

3. 使用环保替代品

（1）就餐时，选择竹制、木质或不锈钢材质的可重复使用的餐具，替代一次性餐具。

（2）在购物、旅行等场合，用环保袋替代一次性塑料袋。

（3）在日常生活中，尽量用手帕替代纸巾。

8.3.5 户用光伏

户用光伏系统利用太阳能发电替代了传统的化石能源发电，从而实现了碳减排效益。这样不仅让家庭用电实现了自给自足，还可将多余的电力进行销售，进一步推动清洁能源的普及和应用。

8.3.5.1 减排量的量化与认证

碳普惠体系通过科学的方法和标准，对户用光伏系统实现的减排量进行量化与认证，包括图 8-18 所示的几个步骤。

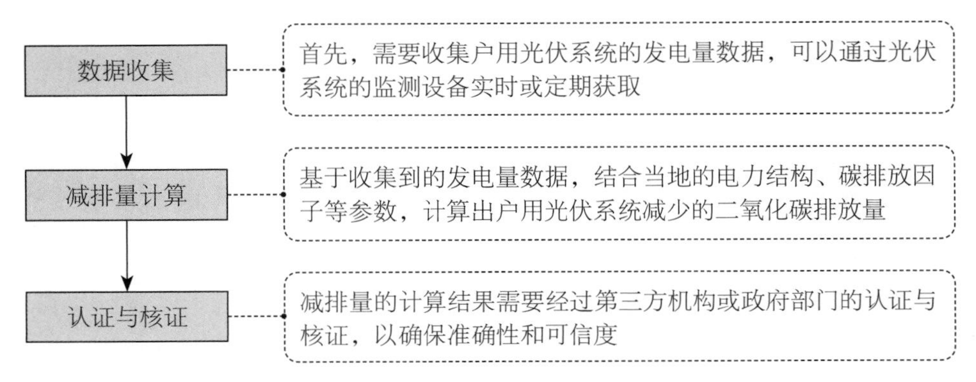

图 8-18　户用光伏减排量的量化与认证步骤

8.3.5.2　碳积分与奖励机制

在碳普惠体系中，户用光伏系统的减排量可以转化为碳积分，并用于兑换各种奖励，具体如图 8-19 所示。

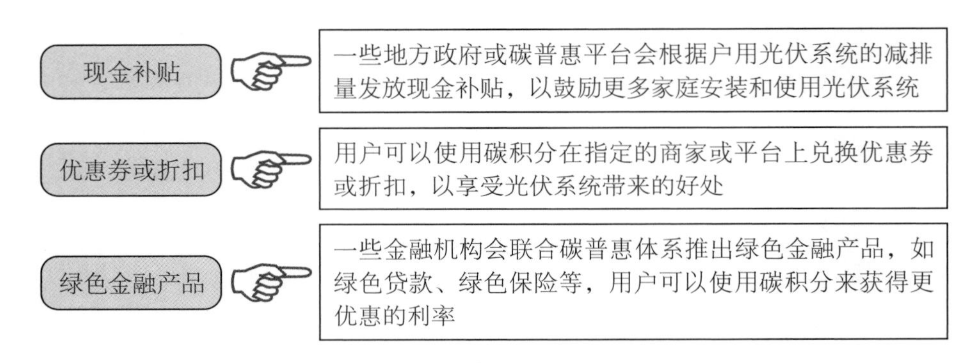

图 8-19　碳积分奖励方式

8.3.5.3　户用光伏的应用场景

户用光伏的应用场景非常广泛，以下是一些主要的领域。

（1）家庭领域。户用光伏系统已成为家庭领域的一种常见的节能方式。家庭光伏发电系统通常由太阳能电池板、逆变器、电能储存设备等组成，可以直接将太阳能转化为电能，不仅为家庭提供了可靠的电力保障，还降低了对电网的依赖，减少了家庭电费支出。同时，光伏发电系统还具有绿色、环保等特点，使用的是太阳能，减少了对化石能源的消耗和环境的污染。

在家庭领域，户用光伏的应用场景如表 8-14 所示。

表 8-14　户用光伏在家庭领域的应用场景

序号	应用场景	具体说明
1	日常用电	户用光伏储能设备能够满足家庭的日常用电需求，包括照明、电器、空调、取暖等，可提高能源利用效率，减少电费开支

续表

序号	应用场景	具体说明
2	紧急备用电源	在停电或电网故障时，储能电池能够提供紧急电源，确保家庭关键设备的正常运行，如冰箱、医疗设备等
3	零能耗建筑	通过光伏发电和储能系统，零能耗建筑能够实现能源自给自足，减少对公共电网的依赖，降低碳排放

（2）商业领域。在商业领域，光伏发电系统同样具有广泛的应用前景。对于商场、办公楼、酒店等高耗能的场所，安装光伏发电系统，不仅可以提供清洁能源，还可以减少电费支出，优化能源结构。此外，光伏发电系统的安装还可以提升企业的环保形象和服务品质，吸引更多消费者。

在商业领域，户用光伏的应用场景如表 8–15 所示。

表 8–15 户用光伏在商业领域的应用场景

序号	应用场景	具体说明
1	商业建筑	将光伏组件安装在商业建筑的屋顶或立面上，可为商业建筑提供电能，主要用于商场、办公楼、酒店等商业建筑
2	小型商业场所	小型商业场所如便利店、咖啡馆等，可以利用光伏储能设备，降低电费成本，提升能源自主性

（3）公共设施领域。在公共设施领域，光伏发电系统也发挥了重要作用。在公园、广场、学校等公共场所，光伏发电系统不仅为设施提供了稳定的电源，还美化了环境。此外，光伏发电系统还可以为公共设施创造新的运营模式，如光伏 + 旅游、光伏 + 观光等，吸引更多游客前来参观和消费。

在公共设施领域，户用光伏的应用场景如表 8–16 所示。

表 8–16 户用光伏在公共设施领域的应用场景

序号	应用场景	具体说明
1	城市景观	将光伏组件与城市景观相结合，如光伏公园、光伏路灯等，不仅可以保障电力供应，还可以美化城市环境
2	公共设施	为公园、广场、学校等公共场所提供稳定的电源

（4）农村领域。在农村地区，由于地理环境复杂和基础设施落后，传统的电力供应方式难以满足当地居民的用电需求。而光伏发电系统作为一种独立的能源供给方式，可以为这些地区提供可靠的电力。无论是高山、海岛还是牧区、边防哨所等地，只要有光

照，就可以利用光伏发电系统来保障电力供应。

在农村领域，户用光伏的应用场景如表 8-17 所示。

表 8-17 户用光伏在农村领域的应用场景

序号	应用场景	具体说明
1	农村光伏电站	将光伏组件安装在农村地区，可为当地的农民提供电力
2	农业生产供电	户用光伏储能设备可以为农业生产提供电力支持，如灌溉、施肥等，从而提高农业生产效率和产量

（5）其他领域。除了以上几个领域外，户用光伏系统还有许多应用场景，如表 8-18 所示。

表 8-18 户用光伏在其他领域的应用场景

序号	应用场景	具体说明
1	工业园区	在工业园区，户用光伏储能设备能够为小型工厂和车间提供电力支持，以减少电网负荷，提高能源利用效率
2	物流园区和仓储中心	光伏发电系统可以为这些区域提供稳定的电源，并降低电费支出
3	高速公路和车棚 / 停车场	光伏发电系统也可以为这些场所提供清洁能源，并具有遮阳、挡雨等功能

8.4 低碳出行

低碳出行是一种重要的环保行为，它基于碳普惠的理念，鼓励公众减少碳排放，推动绿色低碳目标得以实现。

8.4.1 低碳出行的概念

低碳出行即采用能降低二氧化碳排放量的方式出行，如乘坐公共汽车、地铁等公共交通工具，拼车，步行或骑行等。这种出行方式对环境的影响最小，既节约能源、提高能效、减少污染，又有益健康、兼顾效率。低碳出行是碳普惠机制中重要的应用场景之一。

只要是能降低能耗和减少污染的出行，就叫低碳出行，也叫绿色出行。

8.4.2 碳普惠体系下的低碳出行

8.4.2.1 减排量的量化与认证

碳普惠机制利用大数据、物联网等技术手段，对公众的低碳出行行为进行量化与认证。

比如，通过智能手机收集公众的出行数据，包括出行方式、出行距离、出行时间等，然后计算出行过程中减少的碳排放量。

低碳出行的量化结果需要经过第三方机构的认证，以确保其准确性。认证后的减排量可以作为公众获得奖励的依据。

8.4.2.2 碳积分与奖励机制

基于低碳出行的量化结果，碳普惠体系为公众颁发碳积分。这些积分在碳普惠平台可用于兑换各种奖励，如现金补贴、优惠券、绿色金融产品等。

奖励机制旨在激发公众低碳出行的积极性。通过积分奖励的方式，公众可以切实感受到低碳出行带来的好处，从而更加愿意选择这种出行方式。

8.4.2.3 政策引导与支持

政府通过出台相关政策，如提供资金补贴、税收优惠等，可进一步推动低碳出行在碳普惠体系中的应用。

比如，对购买新能源汽车的消费者提供购车补贴和税收优惠；对公共交通系统进行改造和升级，提高出行的便捷性和舒适度。

政府还应加强对碳普惠平台的监管和指导，确保其合规运营和持续发展。通过政策引导和支持，政府为公众低碳出行提供了有力的保障。

8.4.3 低碳出行的具体措施

8.4.3.1 选择合适的交通工具

常见的出行工具有小轿车、飞机、火车、轮船、公交车、地铁、自行车等。除了骑行和步行是零碳排放外，其余的出行方式都会排放二氧化碳，具体的碳排放量如图 8-20 所示。

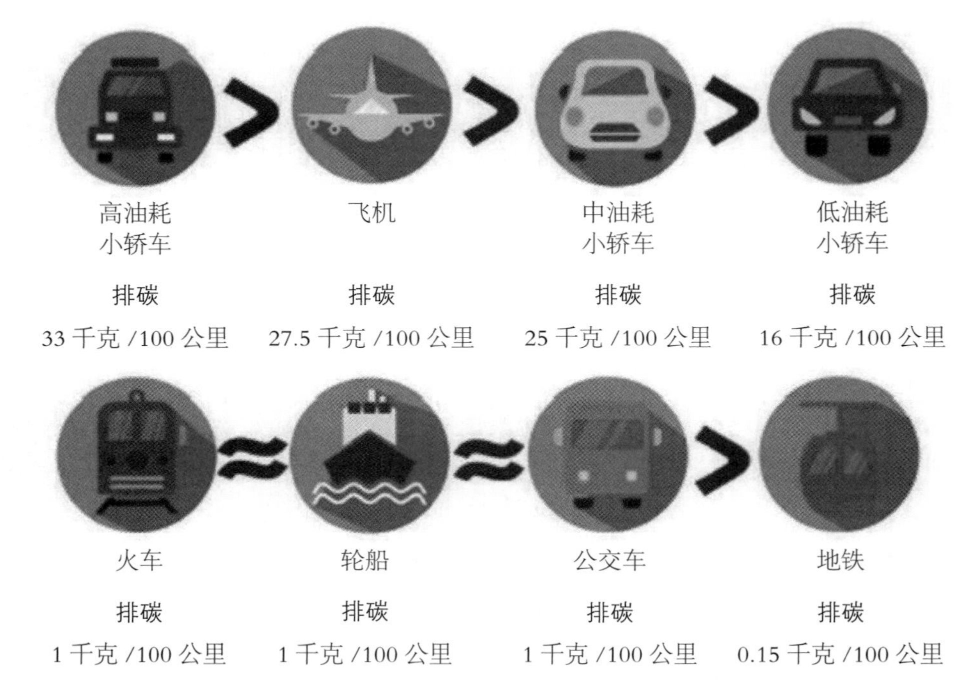

图 8-20　不同出行方式的碳排放量

根据不同的出行距离，我们可以选择相应的交通工具，身体力行地做到低碳出行。

（1）短距离（5 公里内）出行。短距离（5 公里内）出行可采用“135”出行方式，即在 1 公里内尽可能选择步行，在 3 公里内尽可能选择骑自行车，在 5 公里内尽可能乘坐公共交通工具，如图 8-21 所示。采用步行、骑行、公交出行等方式，碳排放接近于零，既锻炼了身体又促进了环保。

3 公里内 **骑车**

5 公里内 **乘坐公共交通工具**

图 8-21　“135”出行方式

（2）中距离（5 至 50 公里）出行。放弃汽油车，改乘地铁、公交车或新能源车，碳排放可减少 95% 以上。

（3）长距离（50公里以上）出行。放弃汽油车或飞机，改乘城际列车、轻轨、火车，碳排放可减少90%以上。如果必须选择高碳排放的交通工具（如长途飞行），可以考虑参与碳补偿活动，即通过支付一定的费用来支持植树造林等环保项目，以抵消旅行产生的碳排放。

如果必须使用私家车出行，则可以考虑拼车。通过减少车辆数量，进一步降低碳排放。

8.4.3.2 合理规划出行路线

（1）减少不必要的出行。在出行前合理规划，合并出行目的，减少不必要的出行。例如，可以将购物、办事等活动安排在同一天内完成，避免多次出行。

（2）选择低碳出行路线。利用出行软件合理规划出行路线。这些软件通常会提供多种出行方案，包括公共交通出行、骑行和步行等低碳选项，用户可以优先选择碳排放量低的方案。

（3）避开高峰时段和拥堵路段。高峰时段和拥堵路段不仅会增加出行时间，还会增加碳排放。因此，应尽量避开这些时段和路段出行。通过出行软件查看实时路况，可以了解当前道路的拥堵情况，从而选择更加顺畅的路线。

（4）选择最短或最直接的路线。在保证安全的前提下，选择最短或最直接的路线出行可以减少行驶距离和时间，从而降低碳排放。

8.4.3.3 提高出行效率

（1）提前规划并预留时间。出行前做好充分的准备，如了解交通状况、预留足够的时间等，可以避免因赶时间而选择高碳排放的出行方式。

（2）利用科技手段。利用手机APP、电子票务等科技手段，可提高出行效率。例如，选择电子票务，既方便又环保。

大家不仅应将低碳出行作为一种生活方式，还应积极向家人、朋友宣传低碳出行的好处。

8.5 低碳金融

在当今环境问题日益严峻的背景下，低碳金融作为绿色金融的重要组成部分，正逐步成为推动经济转型升级、实现可持续发展的重要力量。低碳金融通过一系列金融工具和服务，来降低碳排放、促进资源高效利用、推动绿色产业发展。

8.5.1 绿色支付

绿色支付作为低碳金融的核心组成部分，不仅是一种支付方式，更是一种环保理念，旨在通过减少支付过程中的碳排放和资源消耗，促进经济实现可持续发展。

8.5.1.1 绿色支付的定义与范畴

绿色支付是指将绿色低碳理念纳入支付业务之中，为企业、个人和家庭的绿色生产、绿色消费或绿色行为提供的具有绿色属性的电子支付产品与服务的总称。它涵盖了用户（消费者）、商户、支付服务提供方、监管、支付技术等五大要素，旨在通过电子支付，促进绿色消费和低碳生活方式，推动社会向绿色低碳转型。

8.5.1.2 绿色支付在低碳金融中的应用

绿色支付在低碳金融中的应用主要体现在图 8–22 所示的几个方面。

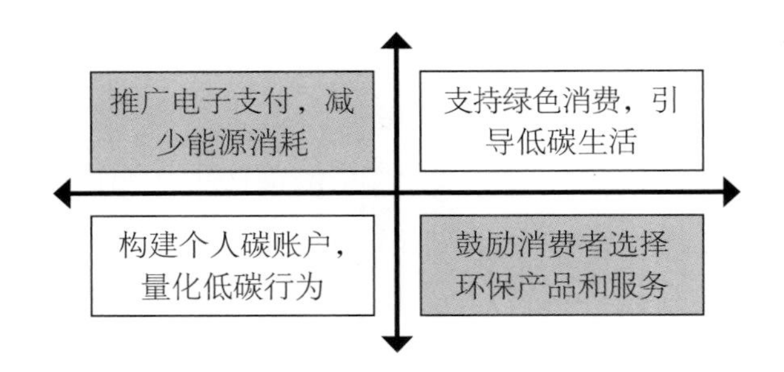

图 8–22 绿色支付在低碳金融中的具体应用

（1）推广电子支付，减少能源消耗。绿色支付强调利用电子支付方式替代传统的纸质票据或现金交易。这一转变看似简单，但意义重大。纸质票据和现金的流通需要消耗大量的纸张、油墨和资源，同时还会产生一定的温室气体排放。而电子支付则完全避免了这些问题，它通过网络和电子设备完成交易，无需实体介质的流通，大大减少了资源消耗和碳排放。

（2）支持绿色消费，引导低碳生活。绿色支付大力支持绿色消费场景，如绿色出行（公交、地铁、共享单车等）、绿色家电购买、二手商品交易等。通过电子支付的方式，用户可以更加便捷地参与这些绿色消费活动，从而形成低碳的生活方式。

（3）构建个人碳账户，量化低碳行为。一些支付机构还构建了个人碳账户，将用户的低碳行为（如步行、骑行、乘坐公共交通等）量化为碳积分，并通过支付平台展示出来，从而进一步激发用户参与低碳活动的热情。

（4）鼓励消费者选择环保产品和服务。一些支付平台会推出与环保相关的公益活动，如植树造林、公益捐助等，用户可以通过支付平台参与这些活动。这样就将支付行为与环境保护有机结合起来。这种结合不仅提高了用户的环保意识，还促进了环保产业的发展。

8.5.2 绿色信贷

绿色信贷是指金融机构为支持环保、新能源、节能减排等绿色项目而提供的专项贷款服务。随着全球气候变暖的加剧和环境保护意识的提升，越来越多的国家和地区开始重视绿色经济的发展，而绿色信贷则是支持绿色经济发展的重要金融手段之一。

8.5.2.1 绿色信贷的优势

绿色信贷的优势主要体现在表8-19所示的几个方面。

表8-19 绿色信贷的优势

序号	优势	具体说明
1	利率优惠	绿色信贷通常享有比普通贷款更低的利率，这样有助于降低企业的融资成本，鼓励企业更多地投资绿色技术和可持续发展项目
2	还款方式灵活	除了利率优惠外，绿色信贷的还款方式也相对灵活。金融机构可以根据实际情况，为借款人提供个性化的还款方案，以减轻其还款压力
3	环境评估严格	在绿色信贷的审批过程中，金融机构会严格评估项目的环境影响，包括项目的能源消耗、排放物处理、资源利用效率等内容。这样可以确保资金流向真正的环保项目
4	政府提供政策支持	为了增加金融机构对绿色项目的资金投入，政府通常会出台相关政策，包括贴息、担保、税收优惠等，以降低金融机构的风险和成本，提高其参与绿色信贷的积极性

8.5.2.2 绿色信贷在低碳金融中的应用

绿色信贷在低碳金融中的应用主要体现在图8-23所示的几个方面。

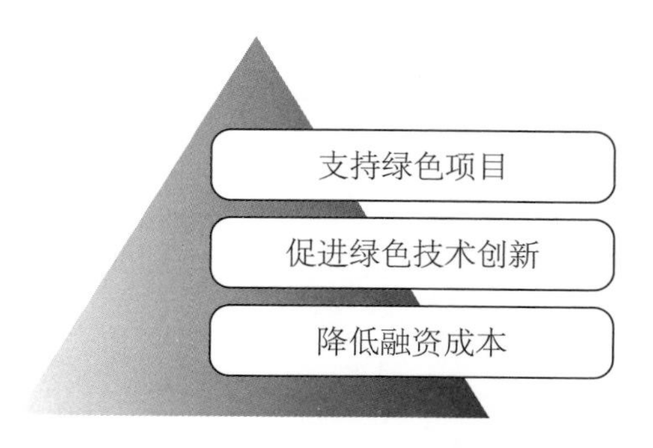

图8-23 绿色信贷在低碳金融中的应用

（1）支持绿色项目。绿色信贷为环保、新能源、节能减排等绿色项目提供了重要的资金支持。这些绿色项目通常具有较高的技术含量和创新能力，能够推动低碳经济的进一步发展。

比如，兴业银行通过“环保贷”支持南京六合垃圾焚烧发电厂项目，有效降低项目融资成本，助力项目快速落地，实现了六合区人民群众居住环境和满意度的双提升，进一步保障了区域经济的可持续发展。

（2）促进绿色技术创新。绿色信贷不仅为绿色项目提供资金支持，还促进了绿色技术的创新和发展。

比如，一些银行提出了绿色信贷综合金融服务方案，包括能效融资方案、财务顾问方案等内容，为我国一大批节能减排企业和在建项目提供了综合、全面、高效、便捷的金融服务。

（3）降低融资成本。绿色信贷通常享有比普通贷款更低的利率和更灵活的还款方式，可降低企业的融资成本，提高企业投资绿色项目的积极性。

比如，南京长江江宇环保科技有限公司获得南京银行1.2亿元的综合授信额度，用于补充流动资金及电子化学品精制再生循环利用技改项目建设。该“环保贷”项目由财政风险分担资金承担80%风险敞口，南京银行承担20%风险敞口，贷款优惠利率为3%，有效降低了企业经营管理成本。

8.5.3 申请电子卡

在低碳金融的背景下，申请电子卡这一行为被赋予了更多的环保意义，成为现代支付的一种新趋势。

8.5.3.1 电子卡的定义

电子卡是指以电子形式发行和使用的卡片，它无需实体媒介，所有的信息和功能都存储在电子设备或者网络上。电子卡通常通过一种特殊的应用程序而存在，用户可以在手机、电脑等智能设备上使用。通过下载相应的电子卡应用程序，并将电子卡与自己的账户进行关联，用户可以实现在线申请、充值和消费等功能。

8.5.3.2 电子卡的环保优势

电子卡的环保优势如表8-20所示。

表8-20 电子卡的环保优势

序号	优势	具体说明
1	减少实体卡制作	传统实体卡的制作需要消耗大量的纸张、塑料等材料，在制作过程中还会产生一定的能耗和碳排放。而电子卡则完全避免了这些问题，减少了环境污染
2	降低邮寄成本	实体卡制作完成后，需要通过邮寄的方式送达用户手中，不仅增加了物流成本，还产生了额外的碳排放。而电子卡则可以通过网络直接发送至用户的手机或电子邮箱，无需邮寄，大大降低了能耗
3	无需出行与排队	用户无需前往银行网点申请或激活实体卡，通过手机银行在线操作即可完成电子卡的申请和使用，减少了出行和排队的能耗

8.5.3.3　电子卡的便捷性

电子卡的便捷性如图 8–24 所示。

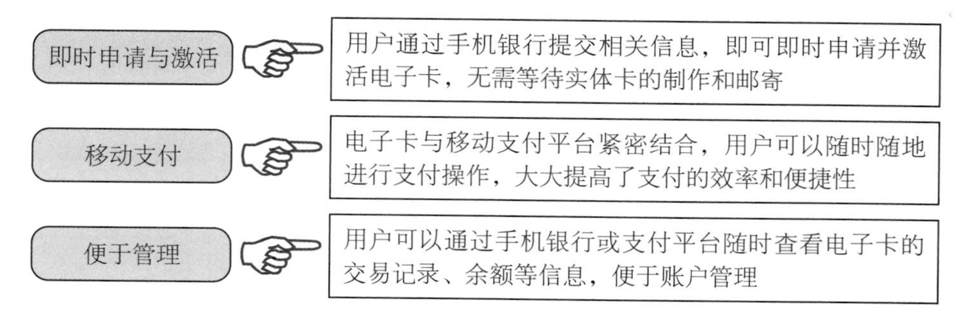

图 8–24　电子卡的便捷性

8.5.3.4　电子卡的应用场景

电子卡在低碳金融中的应用场景十分广泛，主要有图 8–25 所示的几种。

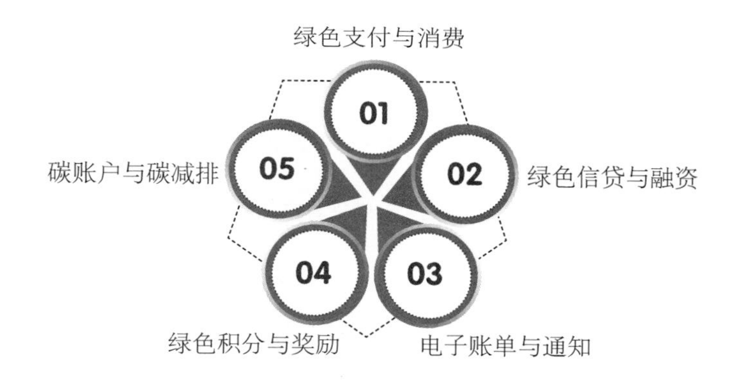

图 8–25　电子卡的应用场景

（1）绿色支付与消费。电子卡在绿色支付与消费中的应用场景如表 8–21 所示。

表 8–21　电子卡在绿色支付与消费中的应用场景

序号	应用场景	具体说明
1	线上购物平台支付	用户可以使用电子卡在线上购物平台进行支付，避免了现金或实体卡支付产生的碳排放。同时，线上购物平台通常会提供更多的绿色商品选项，如环保材料制品、二手商品等，可进一步促进绿色消费
2	移动平台支付	电子卡与移动支付平台（如支付宝、微信支付等）相结合，用户可以通过手机等移动设备随时随地在移动平台完成支付
3	公共交通支付	电子卡可以用于公共交通（如地铁、公交）支付，一些城市还推出了电子公交卡或地铁卡，用户只需通过手机等移动设备即可完成支付，无需排队购票或实体卡支付

（2）绿色信贷与融资。电子卡在绿色信贷与融资中的应用场景如表 8–22 所示。

表 8–22　电子卡在绿色信贷与融资中的应用场景

序号	应用场景	具体说明
1	绿色信贷申请	用户可以使用电子卡在线申请绿色信贷，以支持绿色项目或环保产业的发展。绿色信贷通常具有较低的利率和优惠的还款条件，可鼓励用户投资绿色产业
2	绿色金融理财产品交易	金融机构可以推出与电子卡相结合的绿色金融理财产品，如绿色债券、绿色基金等，支持环保、新能源等绿色产业，推动低碳经济发展

（3）电子账单与通知。电子卡在电子账单与通知中的应用场景如表 8–23 所示。

表 8–23　电子卡在电子账单与通知中的应用场景

序号	应用场景	具体说明
1	电子账单	用户可以通过电子卡接收电子账单，避免了纸质账单打印和邮寄产生的碳排放。电子账单还可以帮助用户随时查看和管理自己的交易记录
2	电子通知	金融机构可以通过电子卡向用户发送电子通知，如账户变动通知、还款提醒等，不仅环保，而且提高了信息传递的效率和准确性

（4）绿色积分与奖励。电子卡在绿色积分与奖励中的应用场景如表 8–24 所示。

表 8–24　电子卡在绿色积分与奖励中的应用场景

序号	应用场景	具体说明
1	环保积分	一些金融机构会推出环保积分政策，鼓励用户进行绿色支付和消费。用户使用电子卡支付时，可以获得相应的环保积分，并可兑换商品、优惠券
2	绿色行为奖励	金融机构还可以根据用户的绿色行为（如选择公共交通出行、购买绿色商品等）发放奖励，进一步激发用户的参与热情

（5）碳账户与碳减排。电子卡在碳账户与碳减排中的应用场景如表 8–25 所示。

表 8–25　电子卡在碳账户与碳减排中的应用场景

序号	应用场景	具体说明
1	个人碳账户	一些金融机构推出了个人碳账户服务，用户可以通过电子卡记录自己的碳减排行为，包括公共交通出行、减少一次性用品的使用等。个人碳账户可以帮助用户了解自己的碳减排情况，并鼓励用户继续参与低碳活动
2	碳减排量核算与兑换	金融机构可以与专业的碳减排量核算机构合作，对用户的绿色行为进行核算。同时用户可以将自己的碳减排量兑换成相应的奖励或权益，如绿色消费券、优惠券等

未来，随着数字金融技术的不断发展，电子卡的应用将进一步扩展，为低碳经济的发展提供更多支持和便利。

8.5.4 电子账单

8.5.4.1 电子账单的优势

电子账单作为低碳金融领域的一项重要创新，正逐渐改变着人们的生活方式和支付习惯。它不仅是对环境保护的支持，还具有诸多优势，具体如图 8-26 所示。

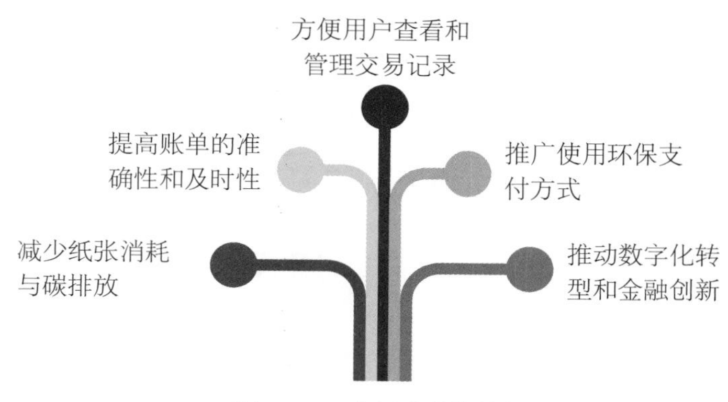

图 8-26 电子账单的优势

（1）减少纸张消耗与碳排放。在传统金融体系中，纸质账单是记录用户交易信息的主要载体。然而，这种方式不仅消耗了大量的纸张资源，在账单的邮寄过程中还会产生碳排放。相比之下，电子账单完全摒弃了纸质媒介，所有的交易信息都以电子形式存储和传输。这不仅显著减少了纸张的消耗，还降低了碳排放量，可以有效缓解全球气候变暖问题。

（2）提高账单的准确性和及时性。电子账单的另一个显著优势是提高了准确性和及时性。电子账单是通过计算机系统自动生成的，因此能够准确记录每一笔交易，避免了人为原因造成的错误。此外，电子账单还可以实时更新，用户能够随时查看最新的交易信息。这样不仅提高了用户的满意度，还有助于金融机构更好地管理风险。

（3）方便用户查看和管理交易记录。电子账单为用户提供了极大的便利。用户可以通过手机、电脑等智能设备随时随地查看和管理自己的交易记录。这样不仅可以使用户更加灵活地掌握自己的财务状况，还有助于他们及时发现并解决潜在的财务问题。此外，一些金融机构还提供了电子账单的导出和打印功能，用户可根据需要轻松地获取纸质账单。

（4）推广使用环保支付方式。为了鼓励用户选择更加环保的支付方式，金融机构通常会为开通电子账单服务的用户提供额外的优惠或奖励，如减免手续费、提高积分奖励等。通过这种方式，金融机构不仅推动了电子账单的普及，还促进了低碳金融产业的发展。

（5）推动数字化转型和金融创新。电子账单的推广和应用还促进了金融机构的数字化转型和金融创新。随着电子账单的普及，金融机构可以更加高效地收集和分析用户数据，从而为他们提供更加个性化的金融产品和服务。同时，电子账单也为金融机构提供了更多的营销和服务渠道，使其更好地满足用户需求并提升市场竞争力。

8.5.4.2 电子账单在低碳金融中的应用

（1）银行账户管理。电子账单在银行账户管理中的应用极为广泛。银行通过电子账单服务，为客户提供了便捷、高效的渠道来查看和管理自己的账户信息，主要应用如表8–26所示。

表 8–26　电子账单在银行账户管理方面的应用

序号	应用场景	具体说明
1	信用卡账单	电子账单使信用卡用户可以随时随地通过手机、电脑等智能设备查看自己的信用卡账单。账单中详细记录了每一笔交易的时间、地点、金额以及类型等信息，方便用户核对账目、了解消费情况。此外，电子账单还具有自动提醒功能，当接近还款日时，银行会通过短信、邮件等方式提醒用户还款，以免逾期产生额外费用
2	储蓄账户交易记录	对于储蓄账户，电子账单同样记录了详细的交易信息。用户可以通过电子账单查看自己的存款、取款、转账等交易信息，以及账户余额的变动情况。这样可以帮助用户了解自己的财务状况，及时发现存在的安全问题

（2）投资理财。在投资理财领域，电子账单也发挥着重要作用，它记录了投资金额、收益情况、赎回情况等信息，主要应用如表 8–27 所示。

表 8–27　电子账单在投资理财方面的应用

序号	应用场景	具体说明
1	投资金额记录	电子账单详细记录了用户的投资金额，包括购买理财产品、股票、基金等投入的资金。用户可以清晰地了解自己的投资情况，及时调整未来的投资决策
2	收益情况记录	电子账单还会记录用户的投资收益情况，包括理财产品的利息收益、股票的股息收益、基金的分红收益等。这些收益信息对于用户评估投资效果、调整投资策略具有重要意义
3	赎回情况记录	当用户赎回理财产品或卖出股票、基金等投资产品时，电子账单会记录赎回的时间、金额以及余额等信息。这样可帮助用户了解自己的资金流动情况，确保资金安全

此外，电子账单还支持导出、打印等功能，方便用户进行财务分析或税务申报。

相关链接

电子账单在日常生活中的应用

电子账单的应用场景相当广泛，涵盖了日常生活的多个方面，以下是电子账单的主要应用场景。

1. 商业交易

（1）网络购物：在网络平台购物后，用户通常会收到电子形式的交易账单，包括商品名称、价格、数量、交易时间等详细信息。

（2）在线支付：通过支付宝、微信等在线支付平台完成的交易，用户也会收到相应的电子账单，记录了支付金额、时间、收款方等信息。

2. 公共服务

（1）水电煤气缴费：许多地区的公用事业部门已经推出了电子账单服务，用户可以通过互联网或手机APP查看和支付水电煤气等费用。

（2）通信服务：电信运营商也提供了电子账单服务，用户可以通过电子邮件、短信或手机APP接收包括话费、流量费等内容的账单信息。

3. 企业管理

（1）采购与供应链管理：企业采用电子账单系统，可以简化采购流程，提高运营效率。通过与供应商的电子账单系统对接，企业可以实时获取采购信息、付款记录等资料，从而更好地控制支出。

（2）财务管理：电子账单在企业的财务管理中也发挥着重要作用。通过电子账单系统，企业可以方便地记录和跟踪各项交易，从而提高财务报表的准确性和及时性。

4. 政府服务

（1）税务申报：政府税务部门也鼓励企业使用电子账单进行税务申报，以提高申报的效率和准确性。

（2）公共服务缴费：对于交通罚款、公共事业费用等的缴纳，政府也提供电子账单服务，方便市民进行在线缴费和查询。

5. 个人生活

（1）家庭理财：个人可以通过电子账单来管理家庭财务，如记录每月的支出情况、制定年度预算等。

（2）电子发票：在购物或消费过程中，部分商家会提供电子发票作为交易凭证。这些电子发票通常以电子账单的形式发送给用户，方便用户留存和报销。

8.5.5 在线缴费

在线缴费作为日常生活中一种直接且重要的支付方式，为环境保护作出了积极贡献。它几乎涵盖了人们日常生活中所有定期或不定期的费用支付场景。

在过去，人们可能需要亲自前往银行、电力局、水务公司或物业公司等地进行缴费，这不仅耗费了人们大量的时间和精力，还会产生不必要的碳排放。而现在，通过网上银行、第三方支付平台等数字化渠道，人们可以随时随地轻松完成缴费操作。这些平台通常提供了友好的操作界面，使缴费变得简单快捷。

在线缴费不仅提高了工作效率，减少了人们的时间成本，更重要的是，它还大大降低了交通能耗和纸张耗用。想象一下，如果每个人都需要亲自前往缴费点进行缴费，那么将导致交通拥堵，产生大量的碳排放。而在线缴费则完全避免了这些问题，用户只需轻点几下手机屏幕或电脑键盘，即可完成缴费操作。

8.6 低碳办公

在当今社会，低碳环保已成为各行各业不可忽视的问题。办公环境作为社会活动的重要组成部分，其碳排放同样不容忽视。而低碳办公，不仅能够减少对环境的影响，还能提升企业形象，促进可持续发展。

8.6.1 绿色采购

公共机构，如政府、学校、医院等，其采购行为不仅关乎自身的运营成本和效率，对市场和消费者也产生了深远的影响。实施绿色采购，是公共机构响应国家节能减排、推动可持续发展战略部署，履行社会责任，引领社会风尚的具体体现。

8.6.1.1 绿色采购的核心内容

绿色采购的核心在于“绿色”二字，它要求公共机构在采购过程中，优先考虑那些节能、环保、可再生的产品和服务，包括但不限于表 8-28 所示的内容。

表 8-28 绿色采购的内容

序号	内容	具体说明
1	节能产品	如节能灯具、节能空调、节能电梯等，这些产品采用先进的技术，能够大幅降低能耗、减少碳排放
2	再生纸	再生纸是以废纸为原料，经过一系列工艺加工而成的纸张。与原生纸相比，再生纸的生产过程能够显著减少木材消耗、水资源消耗和污染物排放，可有效保护森林资源和生态环境

续表

序号	内容	具体说明
3	环保家具	环保家具通常采用天然材料或可回收材料制成，无毒无害，且在生产和使用过程中对环境影响较小。此外，环保家具还注重人体工学设计，能够提高使用者的舒适度
4	新能源车辆	如电动汽车、混合动力汽车等，因零排放或低排放而成为公共机构采购的首选。这样不仅能够减少空气污染和噪声污染，还能够促进新能源汽车产业的发展

8.6.1.2 绿色采购的实施策略

为了推动绿色采购的深入实施，公共机构需要采取表 8-29 所示的策略。

表 8-29 绿色采购的实施策略

序号	实施策略	具体说明
1	建立绿色采购标准和评价体系	公共机构应根据国家相关政策和行业标准，结合自身实际情况，建立绿色采购标准和评价体系，包括产品能耗、环保性能、可再生性等多个方面，为采购决策提供科学依据
2	加强供应商管理	公共机构应建立供应商库，并对供应商进行资质审核和信用评估。在采购过程中，优先选择那些能够提供绿色产品和服务的供应商，并与其建立长期合作关系。同时，公共机构还应定期对供应商进行培训和指导，提高其环保意识和能力
3	推广绿色采购理念	公共机构应通过多种渠道，如宣传栏、网站、社交媒体等，广泛宣传绿色采购的理念和成效。这不仅能够提高公众对绿色采购的认知度和接受度，还能够激发更多企业和个人参与绿色采购
4	加强监管和考核	公共机构应建立健全绿色采购的监管和考核机制，对采购过程进行全程跟踪和监督。对于违反绿色采购规定的行为，应依法依规进行处罚和纠正。同时，公共机构还应定期对绿色采购工作进行总结和评估，及时发现问题并采取措施加以改进

8.6.1.3 绿色采购的成效与展望

近年来，随着国家对绿色采购政策的不断推广，越来越多的公共机构已加入绿色采购的行列中来。这不仅促进了绿色产品和服务的普及，还推动了相关产业的快速发展和转型升级。

比如，山东省东营市河口区机关事务服务中心在推广绿色采购方面就取得了显著成效。其严格执行节能环保有关规定，加强政府采购审批和固定资产管理，优先购买国家认证的节能型设备或产品。同时，还通过加强组织领导、健全规章制度、加强重点领域用能管理等一系列措施，推动了绿色采购的深入开展。这些措施不仅降低了能耗和碳排放，还提高了能效水平，为全区公共机构节能工作树立了良好的榜样。

未来，随着绿色采购理念的不断深入和技术的不断进步，我们有理由相信，绿色采购将成为公共机构采购的主流，可为构建美丽中国、实现可持续发展目标作出更大贡献。

8.6.2 绿色办公

绿色办公在碳普惠机制中扮演着至关重要的角色，它不仅是实现节能减排的重要途径，也是推动社会绿色低碳发展的关键一环。

8.6.2.1 绿色办公的定义与意义

绿色办公是指办公活动中的节约资源、减少污染物产生和排放、使用可回收利用产品等行为，具有图 8-27 所示的意义。

图 8-27 绿色办公的意义

8.6.2.2 碳普惠体系下的绿色办公

在碳普惠机制中，绿色办公行为被量化、记录，并通过交易变现、政策支持、商场奖励等消纳渠道实现价值，可激励更多人实行绿色低碳办公。

（1）量化与记录。碳普惠平台，如“绿喵”“武碳江湖”等，可与公共机构的数据对接，量化低碳办公行为的减碳量。这些平台会记录办公中的绿色行为，如使用电子文档、选择公共交通出行、节约用电等。

（2）交易变现。用户在碳普惠平台上积累的减碳量可以转化为碳资产，进入碳市场进行交易。

（3）政策支持与商场奖励。政府可通过出台相关政策，如税收减免、补贴等，鼓励个人和企业参与绿色办公活动。商场和企业也会通过积分兑换、发放优惠券等方式，对绿色办公行为进行奖励。

8.6.2.3 绿色办公的方式

绿色办公将环保理念融入日常的工作中，强调员工在日常工作中的环保意识和行为。绿色办公有图 8-28 所示的几种方式。

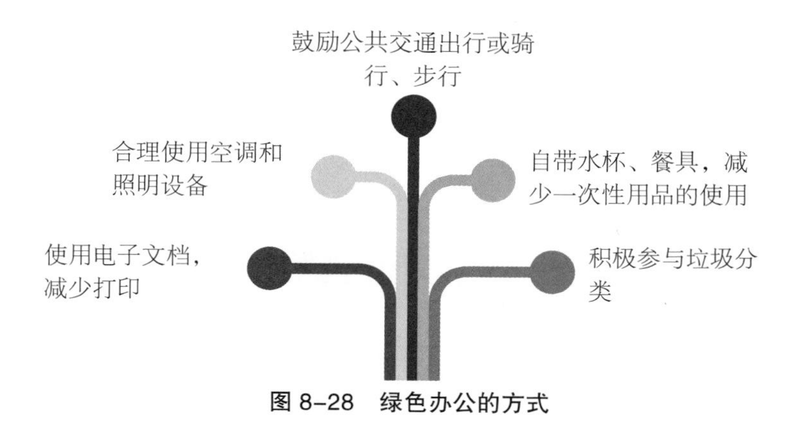

图 8–28　绿色办公的方式

（1）使用电子文档，减少打印。在数字化时代，电子文档已成为我们工作中不可或缺的部分。与传统的纸质文档相比，电子文档具有易存储、易传播、易修改等优点。更重要的是，它还能显著减少纸张的消耗，降低对环境污染。因此，我们应该尽可能地使用电子文档，减少不必要的打印。如果需要打印，也应该使用双面打印，或者将打印内容集中在一张纸上，以减少纸张的浪费。

（2）合理使用空调和照明设备。在办公室中，空调和照明是日常工作必不可少的设备。然而，不合理的使用方式往往会导致能源浪费。因此，我们应该学会合理使用这些设备。

比如，在夏天，我们可以将空调温度设置在适宜的范围内，避免温度过低或过高增加能耗。同时，当离开办公室时，我们应该关闭空调和照明设备，做到人走灯灭、空调关停。这样不仅可以节约能源，还能延长设备的使用寿命。

（3）鼓励公共交通出行或骑行、步行。出行方式也是绿色办公的一部分。与私家车相比，公共交通出行、骑行和步行等方式不仅能减少碳排放，还能缓解城市交通拥堵问题。因此，我们应该鼓励员工选择这些低碳方式上下班。对于距离较远的员工，可以考虑乘坐公共交通工具；而对于距离较近的员工，则可以选择骑行或步行。这样不仅能锻炼身体，还能为环保作出贡献。

（4）自带水杯、餐具，减少一次性用品的使用。在办公室中，一次性用品的消耗也是不容忽视的，如一次性纸杯、一次性餐具等。这些用品不仅会造成资源浪费，还会对环境造成污染。因此，我们应该鼓励员工自带水杯、餐具等用品，减少一次性用品的使用。

（5）积极参与垃圾分类。垃圾分类是环保工作的重要组成部分。我们可以将可回收物、有害垃圾、湿垃圾和干垃圾等进行分类处理，从而实现资源的循环利用。在办公室中，应该设置不同种类的垃圾桶，并引导员工积极参与垃圾分类。同时，还应该定期进行收集和清运，确保垃圾得到妥善处理。

8.6.3 减纸减塑

8.6.3.1 减纸减塑的深远意义

减纸减塑具有图 8-29 所示的意义。

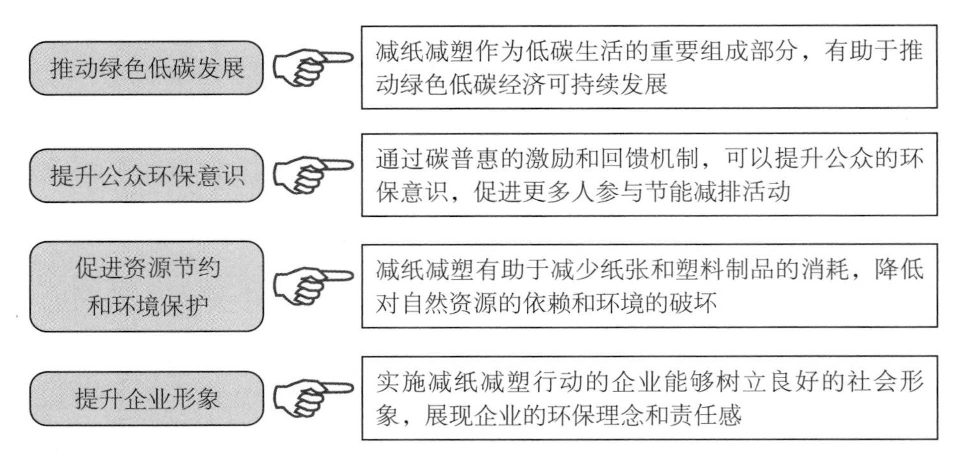

图 8-29 减纸减塑的意义

8.6.3.2 碳普惠体系下的减纸减塑

减纸减塑在碳普惠中的应用，主要体现在通过减少纸张和塑料制品的使用，来降低个人或企业在日常生活和办公中的碳排放。

（1）碳积分奖励。碳普惠平台可对参与减纸减塑的个人或企业进行碳减排量的量化与记录，并根据碳减排量的多少，给予相应的碳积分奖励。

（2）积分兑换与优惠。个人或企业可以使用碳积分在碳普惠平台上兑换商品、优惠券等实物或服务。一些企业也会提供额外的优惠或折扣，鼓励消费者选择环保产品或服务。

（3）社会认可与荣誉。通过社交媒体、企业官网等渠道宣传减纸减塑行为，可提升个人或企业的社会认可度。对减纸减塑表现突出的个人或企业进行表彰和奖励，可增强其荣誉感和成就感。

8.6.3.3 减纸减塑的具体实践

（1）减纸行动，具体如表 8-30 所示。

表 8-30 减纸行动

序号	方式	具体说明
1	推广数字化办公	（1）电子文档管理：利用电子文档管理系统，如企业云盘、电子文档库等，实现文件的在线存储、编辑和共享。这不仅可以减少纸质文件的打印，还能提高文件处理的效率和安全性 （2）电子邮件与即时通信：通过电子邮件和即时通信工具进行信息传递，可减少纸质文件的邮寄，降低碳排放量

续表

序号	方式	具体说明
2	优化打印	（1）双面打印：鼓励员工选择双面打印，以减少纸张的消耗 （2）打印预览与校对：在打印前进行预览和校对，确保打印内容的准确性和完整性，避免重复打印
3	纸张回收与再利用	（1）设置回收箱：在办公室设置纸张回收箱，方便员工将废纸分类投放 （2）再利用机制：建立纸张再利用机制，如将废纸用作草稿纸、打印纸等，减少新纸张的采购

（2）减塑行动，具体如表8-31所示。

表8-31　减塑行动

序号	方式	具体说明
1	减少一次性塑料制品的使用	（1）餐具与水杯：鼓励员工使用可重复使用的餐具和水杯，减少一次性餐具和塑料瓶的使用 （2）办公用品：避免使用一次性塑料制品，如塑料笔筒、塑料文件夹等
2	推广环保替代品	（1）纸质或可降解包装：在包装物品时，优先使用纸质或可降解材料 （2）环保购物袋：鼓励员工在购物时使用环保购物袋，减少塑料袋的消耗
3	提高环保意识	（1）教育与培训：定期开展环保教育和培训活动，提高员工对塑料污染的重视程度 （2）激励机制：建立环保奖励机制，对减塑行动中表现突出的员工进行表彰和奖励

8.6.4　自助值机

8.6.4.1　自助值机的定义

自助值机是一种通过电子设备（如电脑、手机等）或机场自助值机设备，由旅客自行完成航班选座、信息确认、登机牌打印和行李托运等手续的便捷服务，旨在提高旅客的出行效率，减少机场柜台人员的压力，同时也符合低碳环保的理念。

8.6.4.2　自助值机的意义

自助值机不仅大幅减少了纸质登机牌的使用，还提高了手续办理效率，为旅客带来了更加便捷、高效的出行体验，具体如图8-30所示。

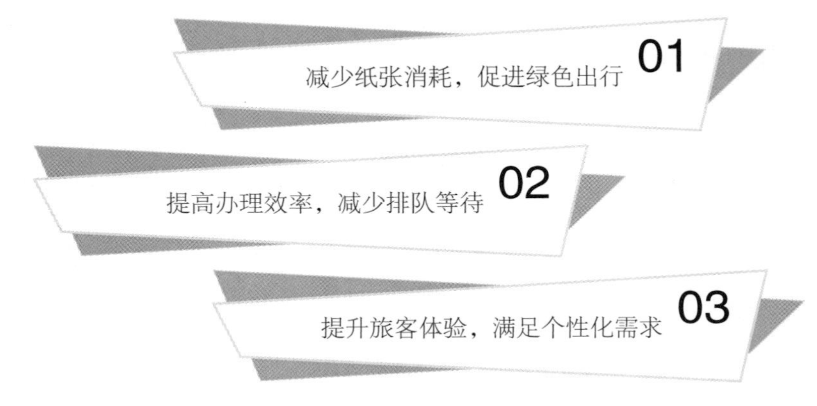

图 8-30　自助值机的意义

（1）减少纸张消耗，促进绿色出行。传统的值机方式需要旅客到机场柜台排队办理手续，并领取纸质登机牌，不仅耗时费力，还造成了大量的纸张浪费。而自助值机则通过官方网站、手机 APP 等线上渠道，就能让旅客在家里或办公室等地提前完成值机和选座，无需再到机场柜台领取纸质登机牌。这一变化不仅减少了纸张的使用，还降低了对环境的污染，促进了绿色出行的发展。

（2）提高办理效率，减少排队等待。自助值机的另一个显著优势就是提高了手续办理效率。通过线上渠道，旅客可以提前完成值机和选座，避免了到机场后排队等待的烦琐过程。这样不仅节省了旅客的时间，还提高了机场的工作效率。在高峰期，自助值机可以显著缓解柜台的压力，让机场的运作更加顺畅。

（3）提升旅客体验，满足个性化需求。自助值机还为旅客提供了更加便捷、个性化的出行体验。旅客可以根据自己的需求和时间安排，选择合适的航班、座位和行李托运服务。同时，一些航空公司还提供了在线支付、电子发票等附加服务，让旅客出行更加便捷无忧。这些个性化的服务不仅满足了旅客的需求，还提高了他们的满意度和忠诚度。

8.6.4.3　碳普惠体系下的自助值机

碳普惠体系可以将自助值机行为量化为碳积分或碳减排量。旅客可以根据自己的碳积分或碳减排量，在平台上换取商业优惠、公共服务，也可进入碳交易市场抵消碳排放配额。

目前，一些航空公司已经开始在碳普惠体系下推广自助值机服务。

比如，某些航空公司与碳普惠平台合作，为选择自助值机的旅客提供碳积分奖励。旅客可以通过积累碳积分，在平台上换取航空里程、酒店折扣等奖励。这不仅提高了旅客的出行体验，还促进了低碳出行的发展。

8.6.5 低碳差旅

在低碳领域，低碳差旅也是一个至关重要的应用场景，它涵盖了出行方式选择、住宿安排与会议组织等多个方面，旨在减少能源消耗和碳排放。

8.6.5.1 低碳差旅的定义与重要性

低碳差旅是指在差旅过程中，采取一系列节能减排措施，减少能源消耗和碳排放。这样不仅有助于减少对环境的影响，还能提高企业的运营效率，降低差旅成本。

8.6.5.2 碳普惠体系下的低碳差旅

在碳普惠体系下，低碳差旅行为可以被量化为碳积分。用户可以利用自己的碳积分，在平台上换取商品或服务，也可进行碳抵消。

8.6.5.3 低碳差旅的具体实践

（1）出行方式选择，具体如表8-32所示。

表8-32　出行方式选择

序号	出行方式	具体说明
1	公共交通优先	鼓励乘坐地铁、公交、轻轨等公共交通工具，因为这些交通工具通常比私家车更加节能、环保
2	拼车出行	对于需要自驾的旅行，可以与同事或合作伙伴拼车，减少车辆数量，降低碳排放
3	选择环保车辆	如果条件允许，可以选择电动汽车、混合动力汽车等环保车型进行自驾出行
4	选择高效交通工具	对于长途旅行，可以考虑乘坐高铁或飞机等更高效的交通工具，但需合理安排行程

（2）住宿安排，具体如表8-33所示。

表8-33　住宿安排

序号	住宿安排	具体说明
1	选择绿色酒店	优先选择那些环保、节能的酒店。这些酒店通常会有更严格的能源管理政策，如使用节能灯具、减少一次性用品等
2	减少住宿天数	在不影响工作的情况下，尽量减少住宿天数，降低能源消耗和碳排放
3	共享住宿	如果条件允许，可以考虑与同事或合作伙伴合住，减少房间数量，降低碳排放

（3）会议组织，具体如表 8-34 所示。

表 8-34　会议组织

序号	会议组织	具体说明
1	远程会议	对于非必要的面对面会议，可以考虑使用远程会议的方式，减少差旅次数和碳排放
2	精简会议议程	优化会议议程，减少不必要的环节，缩短会议时间，降低能源消耗
3	使用电子资料	在会议中，鼓励使用电子资料，以减少纸张的浪费
4	选择环保的会议场所	对于必须举行的线下会议，可以选择环保型的会议场所，如使用节能灯具、电子材料等

（4）其他措施。

① 减少行李重量。在出行前，合理安排行李，减少不必要的物品，降低行李重量，从而减少能源消耗。

② 选择环保包装。在差旅过程中，如果需要购买物品，优先选择那些使用环保包装材料的产品。

③ 进行碳补偿。对于无法避免的碳排放，可以通过购买碳补偿产品来抵消部分或全部碳排放额。

（5）企业政策与培训，具体如表 8-35 所示。

表 8-35　企业政策与培训措施

序号	措施	具体说明
1	制定低碳差旅政策	企业应制定明确的低碳差旅政策，鼓励员工采取低碳方式出行，并给予其相应的支持和奖励
2	开展低碳差旅培训	定期对员工进行低碳差旅培训，提高员工的环保意识和节能减排能力
3	建立反馈机制	建立员工反馈机制，及时收集员工的意见和建议，不断完善和优化低碳差旅政策

8.6.6　在线会议

8.6.6.1　在线会议的高效性

在线会议利用视频会议软件，打破了地域和时间的限制，使人们可以在不同的地点、不同的时间进行实时交流。这种沟通方式极大地提高了工作效率，减少了等待时间。

具体来说，在线会议的高效性体现在图 8-31 所示的几个方面。

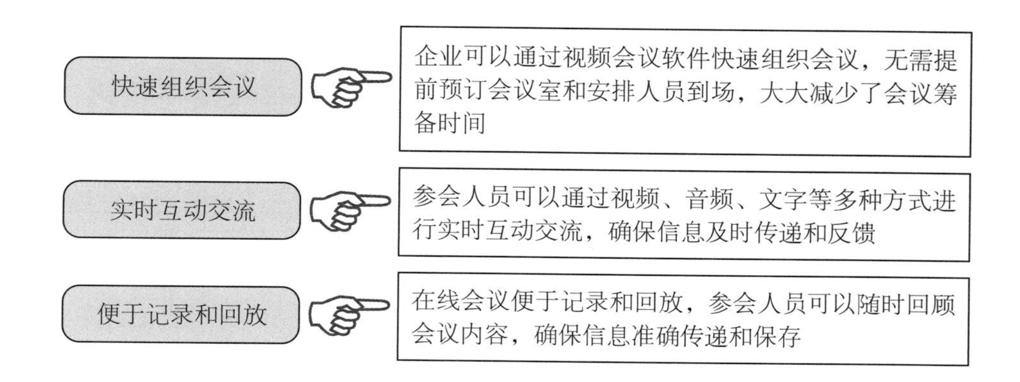

图 8-31 在线会议的高效性

8.6.6.2 在线会议的低碳性

在线会议作为一种低碳的沟通方式，对于减少碳排放和保护环境具有重要意义。通过减少差旅和交通碳排放，在线会议可降低企业的碳足迹，推动经济可持续发展。

具体来说，在线会议的低碳性体现在图 8-32 所示的几个方面。

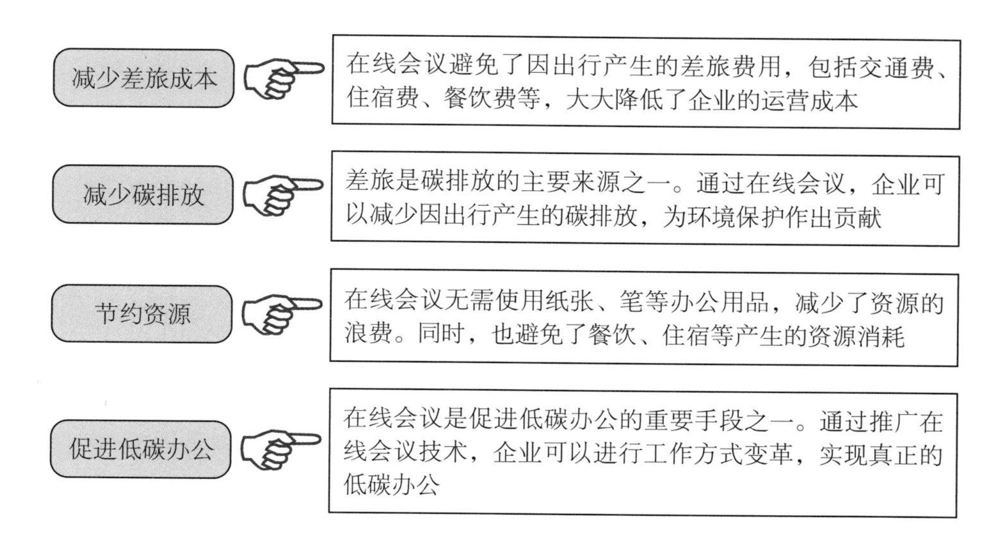

图 8-32 在线会议的低碳性

8.6.6.3 企业应如何推动在线会议的应用

为了充分发挥在线会议的高效性和低碳性，企业可采取图 8-33 所示的措施。

加大技术投入  企业应加大对在线会议技术的投入，购买先进的视频会议软件和设备，确保会议顺利开展

加强员工培训  企业应组织员工参加在线会议技术的培训，提高员工使用各类会议软件的能力

制定相关政策  企业应制定相关政策鼓励员工利用在线会议进行沟通交流，如将在线会议纳入绩效考核体系等

优化会议流程  企业应优化会议流程，确保会议高效进行，例如，提前确定会议议程、分配发言时间等

图 8-33　推动在线会议应用的措施

第 3 篇

案例篇

第 9 章

碳普惠应用案例

案例 01

“全民碳路”领航绿色低碳新纪元

——深圳通交通数字化平台赋能国家“双碳”实施战略

“碳达峰、碳中和”目标是中国对世界作出的庄严承诺。深圳作为双区建设典范城市，先行先试，率先建立面向C端用户的碳普惠绿色激励机制，并以深圳通公司深圳公共交通数字智能一体化支付平台为抓手。2022年8月，深圳通建立了“全民碳路”平台并落地，成为全国交通卡行业首个碳普惠项目，创建了公共交通领域的绿色低碳激励机制，树立了碳普惠项目的标杆。该项目通过建立个人碳账户，连接用户、企业和政府，打通了碳减排量核算、签发、交易、兑换等全链条，形成了全国首个公共交通碳普惠生态闭环，打造了可持续发展的市场化运营模式，构建可落地、可持续、可复制的绿色发展“新格局”。该项目的落地对推动民众绿色生活方式普及，助力“碳达峰、碳中和”目标实现，贡献了“深圳经验”和中国智慧。

一、项目背景

2020年9月22日，国家主席习近平在第七十五届联合国大会上宣布，中国力争2030年前二氧化碳排放达到峰值，力争2060年前实现碳中和目标。2021年12月13日，深圳市人民政府办公厅印发《深圳碳普惠体系建设工作方案》，明确了深圳碳普惠系统建设的三年重大工作任务和目标。2022年8月3日，深圳市生态环境局印发

《深圳市碳普惠管理办法》，鼓励政府机关、企事业单位、社会组织和个人参与碳普惠行动，履行绿色低碳社会责任。

二、深圳“全民碳路”实施情况

深圳碳普惠项目构建了“绿色出行—碳积分”“碳交易—回馈用户”双循环业务模式，以“全民碳路”平台作为业务纽带，连接用户、企业、政府、排交所等部门，打通了减排量核算、签发、交易、兑换、核销各环节。

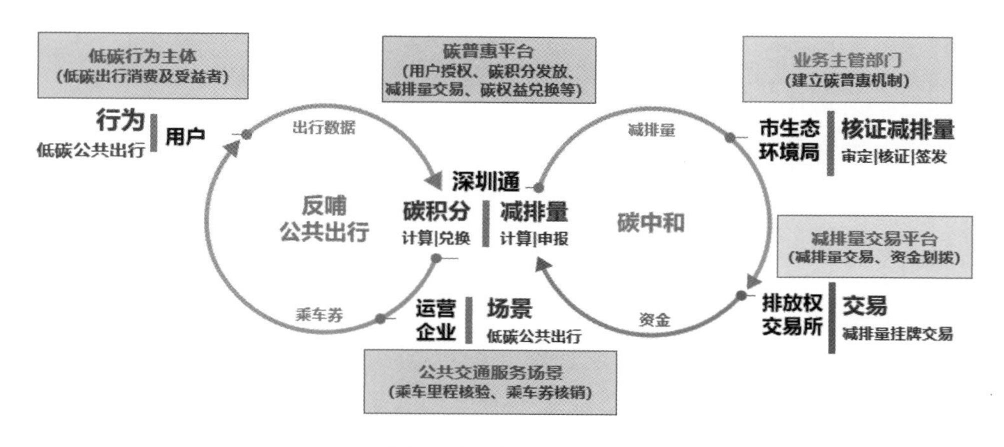

“全民碳路”业务模式

2022年8月，深圳通作为深圳公共交通数字智能一体化支付平台，启动了“全民碳路”碳普惠项目（一期），完成了项目实施方案制定、系统平台建设、业务规则编制、全流程业务体系构建、业务协议起草与签署等工作。

2022年11月，“全民碳路”平台上线。“全民碳路”平台遵循《深圳市低碳公共出行碳普惠方法学》，建立了以“碳减排量+碳积分”为基础的个人碳账户，并以“出行里程”为标准核算减排量，具有减排量核算、碳权益兑换、绿色碳公益等六大功能模块。

2022年12月，在第十届国际低碳城论坛上，举行了深圳碳普惠首笔交易的签约发布仪式，深圳特区报、第一现场、生态环境局等媒体进行了专题报道。

“全民碳路”界面

2023年6月，“绿色发展，碳寻未来”深圳碳市场开市十周年活动在深圳举行，“全民碳路”项目作为深圳碳普惠机制首个落地项目，完成了首次碳普惠减排量的签发，签发量达49410吨，占深圳首批签发量（52928吨）的93.35%。

碳普惠减排量签发仪式

2023年8月，“全民碳路”碳普惠项目在深圳排交所上市交易，成为碳普惠首个上市交易品种，开盘后连续三个交易日涨停，累计成交额约155.81万元。这充分显示了碳普惠机制的强大生命力，以及广大用户对绿色低碳理念的认同。首个碳普惠项目的入市交易，是碳普惠生态闭环的关键节点，具有里程碑意义，标志着深圳迈入碳普惠时代，推动了低碳交通行业的高质量发展。

2023年9月，深圳通建成全国首个以“碳普惠”为主题的智能服务示范点。该网点是深圳通建设的创新型线下服务网点，以“科技创新、绿色低碳”为理念，以“碳普惠专列”为设计元素。该网点的落地对于宣传推广“碳普惠”品牌、探索“碳普惠宣传+商业运营+客户服务”创新业务模式具有重要意义。

坪山围“碳普惠”客户服务站

2023年11月，在阿联酋迪拜召开了联合国第28届气候大会（COP28）。由生态环境部、深圳市政府共同指导，深圳市生态环境局主办的“COP28中国角深圳专场活动”“全民碳路—碳普惠引领绿色低碳新时代案例”，在本次气候大会得以向与会代表进行展示和宣传。

2024年3月，深圳通完成2022年减排量的核算及申报。2024年5月，深圳市生态环境局准予备案签发2022年“深圳通低碳公共出行碳普惠项目”减排量2.6万吨。

2024年5月、2024年6月，深圳通作为碳普惠项目代表企业，分别参加了深圳市生态环境局举办的“绿色转型，节能攻坚”低碳日活动以及“6·5环境日主题宣传活动”，在现场大力宣传深圳通品牌，展示“全民碳路”业务成果，进一步提升碳普惠授权用户量。此外，深圳通还加入了中华环保联合会碳普惠专业委员会，通过与多方加强合作与交流，推动碳普惠业务深入发展。

2024年8月，深圳市生态环境局组织召开了“深圳通低碳公共出行碳普惠项目”专家评审会，深圳通2023年上半年碳普惠减排量通过了专家评审，后续将按流程进行备案签发。

三、深圳“全民碳路”上线效果

2022年11月18日，深圳碳普惠应用平台“全民碳路”正式上线，为用户提供线上授权、减排量计算、核准申请、减排量交易、积分发放、权益兑换等全流程业务服务。截至2024年7月，授权用户突破2100万。

四、深圳“全民碳路”亮点突破

（一）创新业务模式，构建可落地、可持续、可复制的绿色发展“新格局”

深圳通碳普惠项目创新业务模式，一是构建“绿色出行—碳积分”“碳交易—回馈用户”双循环业务模式，形成了碳普惠生态闭环；二是采取“政府主导、企业落地”模式，经过市生态环境局认证，由市局负责碳减排量签发。

（二）对接碳市场，首次实现公共出行碳普惠市场化交易，树立了碳普惠全国标杆

深圳碳普惠平台实现了碳减排量核算、碳积分累积、碳积分交易、碳积分兑换等流程的贯通。深圳碳普惠“签发减排量”与碳交易市场实现对接，个人碳减排量可通过市场化交易完成变现，激发了公众参与碳减排的主动性和积极性。

（三）首次以乘车券作为权益载体回馈用户，取之于民用之于民

广大用户通过“全民碳路”平台，使用碳积分即可兑换乘车券，用于乘坐公交、地铁，可在原票价基础上享受一定的金额优惠。碳普惠项目以深圳通乘车券为

权益载体回馈用户，在全国尚属首创，一方面给广大用户带来实惠；另一方面有利于激励引导用户绿色出行，反哺公共交通，助力行业可持续发展；另外还可以增强深圳通平台用户黏性，促进深圳通转型发展，开创合作共赢的局面。

（四）大数据赋能，覆盖多用户群体，碳普惠交易潜力巨大

“全民碳路”平台覆盖“地面+地下”公共交通领域，支持“线上+线下”多用户群体，支付入口多，可同时满足多领域接入需求，碳交易潜力巨大。一是深圳通作为深圳公共交通支付平台，实现了“地面+地下”公共交通领域全覆盖，具有公交、地铁、有轨电车、云巴等多元化数据，为碳普惠项目落地提供了数据支持。二是深圳通碳普惠项目覆盖乘车码用户、实体卡用户、学生卡用户等多用户群体，截至2024年7月，“深圳通”线上用户超6200万，实体卡用户达5700万。三是平台可满足水、电、煤、燃气等多领域接入需求，碳交易潜力巨大。

（五）高触达、零等待，为用户提供高效便捷的碳增值服务

深圳通创新数据处理模式，采用数据预处理技术，实现了碳减排量查询零等待及碳积分实时发放，提升了用户体验；利用深圳通千万级高频互联网平台作为碳普惠业务入口，可增加用户触达率，为用户提供高效便捷的碳增值服务。

五、深圳碳普惠的意义

（一）利国

第一，推动全民形成绿色生产生活方式是我国生态文明建设的根本保障。党和国家在多项政策文件中提出“推动绿色低碳生产生活方式”的工作目标。第二，构建深圳碳普惠体系是加快城市文明和可持续发展进程的内生动力，可帮助深圳明确“双区”定位和人民群众对美丽环境与美好生活的期盼，提高公众参与节能减碳行动的积极性，助力国家实现“碳达峰、碳中和”目标。

（二）利民

一是深入挖掘公众消费和生活领域节能减排潜力。深圳始终高度重视产业结构升级转型、应对气候变化和环境保护等工作，碳普惠体系可成为推动绿色低碳生产生活方式持续发展的抓手。二是建立碳普惠机制是推动绿色经济发展的有力措施。

（三）利企

一是开创“双碳”绿色经济新模式，通过“绿色出行—碳积分”“碳交易—回馈用户”的双循环发展模式，激励用户绿色出行。二是让用户通过绿色低碳出行，获取碳积分并兑换权益，提高平台用户的积极性。

六、“全民碳路”碳普惠项目获得的奖项及荣誉

在国家“碳达峰、碳中和”战略目标指导下，深圳通公司全力完成“全民碳路”项目的建设，打造交通行业绿色发展的“样板”，也因此荣获了多个奖项与荣誉：一是市交通运输局设立的“深圳市公共交通行业十大金点子”奖项；二是成为“2023深圳智慧交通优秀应用案例”；三是作为“十佳绿色低碳案例”在联合国气候大会进行展示；四是通过了全国首家信息技术服务行业（交通）的“绿色发展示范企业”认证；五是“全民碳路”碳普惠论文被中国科技核心期刊收录。

案例 02

低碳星球初探

——构建深圳碳普惠应用生态圈的多元融合路径

一、低碳星球简介

低碳星球是深圳首个碳普惠授权运营平台，由深圳市生态环境局、深圳排放权交易所、腾讯公司联合出品。2021年12月17日，在第九届深圳国际低碳城论坛上，低碳星球小程序正式上线，这也是深圳落实碳普惠工作的重要一步。

低碳星球小程序记录绿色出行等低碳行为，鼓励用户选择公交车、地铁等方式出行，并对用户的低碳行为给予碳积分奖励。低碳星球将每个人的低碳行为集腋成裘，并投入碳交易市场参与核证减排交易，让用户获得实实在在的权益，最终实现人人可参与、人人可受益。

二、低碳星球玩法

用户可领养一颗自己的专属星球，现实生活中的每一次绿色出行，都会影响它的生长，改变它的命运。用户通过腾讯乘车码参与低碳出行后，低碳星球会核算出二氧化碳减排量，为用户积累相应碳积分。根据深圳市生态环境局发布的《深圳市低碳公共出行碳普惠方法学（试行）》，与一般市内交通出行相比，市民乘坐纯电

动公共汽车，每人每公里可减少26.9克二氧化碳排放；乘坐地铁出行，每人每公里可减少46.8克二氧化碳排放。

同时，低碳星球小程序采用了FiT腾讯区块链、腾讯云TcaplusDB的NoSQL分布式数据库等技术，确保数据存储安全高效。用户每一次绿色出行所形成的碳减排数据，均经过严谨科学的测算，并在腾讯云上安全高效存储，在腾讯区块链上形成可靠可信的永续记录。

在微信上搜索“低碳星球”，即可进入小程序页面，开通个人碳账户。新用户的页面中央，一颗布满工厂、汽车、烟囱以及有害气体的“濒危”星球正等待用户

拯救，当减碳量持续累积后，这颗星球就会逐渐焕发生机。随着用户公共出行次数以及微信步数的增加，小程序中的低碳星球将不断获得成长值，并解锁出沐光之森、绿能群岛、海绵绿都等9大主题形态，让用户感受到从工业城市到低碳家园的变化，主动学习环保知识。

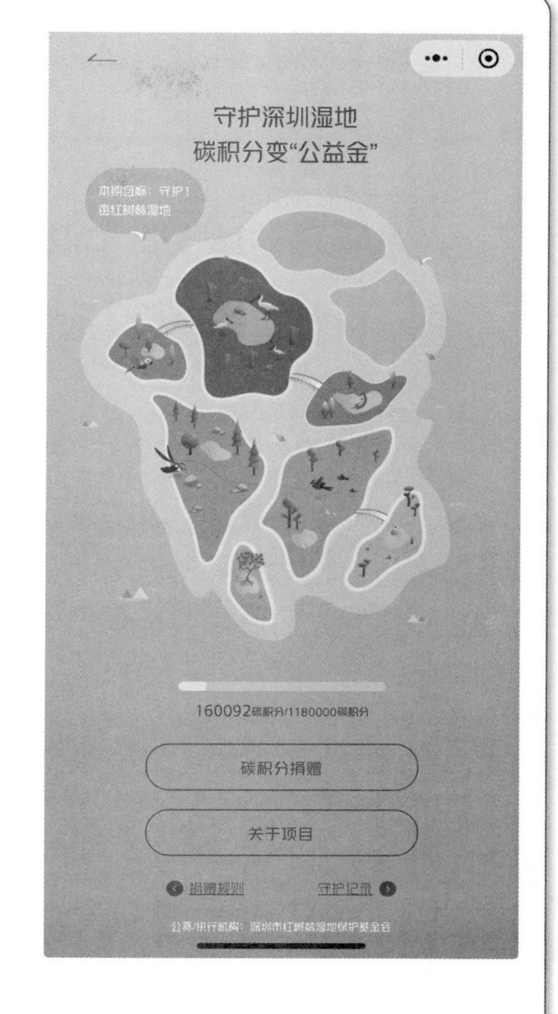

2022年6月5日，深圳市六·五环境日宣传活动期间，发布了低碳星球小程序的升级版本，增加了碳积分兑换功能，所有深圳用户都可将个人碳积分兑换成礼品，或者转化为公益金。目的是通过城市试点公益与激励的方式，鼓励用户使用公共交通体系，践行低碳生活理念，成为绿色生活方式的实践者与参与者。未来深圳也将引入更多的减碳场景、玩法与公益项目，让每个用户都能为实现“碳达峰、碳中和”目标作出贡献。

本次升级基于腾讯碳中和实验室研发的“碳普惠数字底座”，增加了碳积分兑换商店和公益捐助入口，用户可利用累积的碳积分，在商店兑换礼品，比如兑换腾讯视频VIP月卡需要750碳积分。与此同时，用户也可以将碳积分变为公益金，用于“守护深圳湿地”公益项目，助力“蓝碳”保护事业。“守护深圳湿地”项目由腾讯碳中和实验室、腾讯公益联合深圳市红树林湿地保护基金会共同发起，旨在保护大湾区深圳湾海岸线上的蓝碳资源。目前，深圳湾湿地正面临严重威胁，原生的红树林湿地已经消失了75%以上，需要动员更多力量对其进行保护和修复。

低碳星球获评了2022年度深圳网络精品排行榜最佳创意创新大奖，未来，其将进一步融合深圳碳普惠体系建设，建立健全个人碳积分账户数据底座，打造量化统一规范、积分互通互惠、场景多元融合的深圳碳普惠应用生态圈。

案例 03

碳惠冰城：哈尔滨市绿色低碳发展新动力

——哈尔滨产权交易所引领“碳”时代新风尚

一、哈尔滨产权交易所简介

哈尔滨产权交易所成立于1995年1月，是哈尔滨市人民政府批准设立、哈尔滨市财政局出资、哈尔滨市国资委代管的全民所有制企业。根据2020年7月哈尔滨市政府第70次常务会议审议通过的《哈尔滨产权交易所公司制改革方案》，哈尔滨产权交易所于2020年9月完成公司制改革工作，现为国有独资企业，由哈尔滨市公共资源交易中心代为行使出资人管理职责。作为哈尔滨市公共资源交易中心分平台，哈尔滨产权交易所承接各类授权业务，是一家集咨询、交易、采购等服务于一体的综合类产权交易机构。

二、资质与荣誉

全国产权交易行业企业信用评价AAA级信用企业（最高等级）。

中华环保联合会会员单位。

中国节能协会碳中和专业委员会委员单位。

中国企业国有产权交易机构协会常务理事单位。

中国合作经济学会农村产权交易专业委员会副会长单位。

长江流域产权交易共同市场理事会常务理事单位。

荣获第八届公共资源交易主任年会组委会、今日公共资源信息网颁发的“公共资源交易综合竞争力百强代理机构(2023年度)”证书。

荣获中国节能协会碳中和专业委员会颁发的“2023中国节能协会创新奖”“碳中和领域企业贡献奖”“碳中和领域优秀服务机构奖”。

全国“十佳政府采购代理机构·综合类”（2022～2023年）。

三、哈尔滨市碳普惠平台——碳惠冰城

1. 建设渊源

哈尔滨产权交易所是由哈尔滨市财政局出资建立的国有独资企业。2022年11

月，在哈尔滨市生态环境局、哈尔滨市发展和改革委员会、哈尔滨市公共资源交易中心的指导与支持下，哈尔滨产权交易所成为唯一的排污权交易平台。2022年8月，经黑龙江省政府、哈尔滨市政府批准，哈尔滨产权交易所被调整为黑龙江省唯一的公共资源类交易场所，按照《黑龙江省公共资源交易目录》（黑发改公管函〔2020〕273号）提供碳交易相关服务。

2. 平台定位

为认真贯彻习近平生态文明思想，坚决打好污染防治攻坚战，积极践行“绿水青山就是金山银山，冰天雪地也是金山银山”理念，哈尔滨锚定“碳中和、碳达峰”的重要目标，利用云计算、大数据、区块链等数字技术，积极探索公众参与低碳减排的便捷途径，创新打造了东北三省首个碳普惠平台——碳惠冰城。按照哈尔滨市生态环境局、哈尔滨市发展和改革委员会、哈尔滨市公共资源交易中心印发的《哈尔滨市碳普惠体系建设工作方案》，哈尔滨产权交易所作为碳惠冰城的建设运营平台，通过全方位采集、量化企业生产经营和公众衣、食、住、行、游、购、娱等各领域的绿色行为数据，建立绿色生活激励体系，形成以商业激励、政策鼓励和核证减排量交易相结合的正向引导机制。

3. 平台大事件

（1）2023 年 3 月 20 日：黑龙江省首例农村碳资产签约成功

为推动“双碳”目标和乡村振兴协同发展，哈尔滨碳普惠平台以哈尔滨市新区玉林村为试点，选定部分苗木进行林业碳资产量测算开发，由中华人民共和国生态环境部认定的专业机构进行碳汇审定，用于减排项目的碳中和。经测算，预计1年内可产生7920.536吨二氧化碳当量的减排量，为玉林村创收47.53万元。黑龙江省首例农村碳资产交易被国家发改委、人民日报强势宣传。

热门搜索：油价 产业结构调整

中华人民共和国国家发展和改革委员会
National Development and Reform Commission

请输入关键字

首页 机构设置 新闻动态 政务公开 政务服务

首页 > 新闻动态 > 专题专栏 > 招投标和公共资源交易 > 地方动态

黑龙江省首例农村碳资产交易成功签约

发布时间：2023/03/27 来源：哈尔滨市公共资源交易中心 [打印] 微博 微信

3月20日，哈尔滨新区利业街道玉林村向交通银行股份有限公司黑龙江省分行出售价值23.6万元的碳资产交易项目在哈尔滨顺利签约，标志着黑龙江省首例农村碳资产交易圆满完成。

为推进"双碳"战略和乡村振兴协同发展，在新区政府的大力支持下，在哈尔滨市公共资源交易中心分平台——哈尔滨产权交易所的积极努力下，以哈尔滨市新区玉林村为试点，对玉林村苗木资源进行整体摸排，选定部分苗木进行林业碳资产量测算开发，通过国家生态环境部认定的专业机构进行碳汇审定后用于减排项目的碳中和。经测算，玉林村苗木种植基地的462.42万株苗木，预计1年内可产生7920.536吨二氧化碳当量的减排量，可为玉林村创收47.53万元。此次与交通银行股份有限公司黑龙江省分行进行了首笔交易，达成交易额23.62万元。

此次完成的全省首例碳资产交易，是贯彻践行"绿水青山就是金山银山"的重要工作成果，是助力乡村振兴、助农增收的成功实践，为充分发挥公共资源交易助推高质量发展的积极作用进行了有益探索，积累了宝贵经验。

（2）2023 年 4 月：与北京中科中碳研究院签约，落实双碳院士联动基地

哈尔滨碳普惠平台应邀参加由中国科学院与北京中科中碳新能源技术院等单位联合主办的“2023中关村论坛系列活动——中国国际新能源及电力科技发展论坛”。北京中科中碳新能源技术院由中国科学院十位院士共同牵头创建，哈尔滨碳普惠平台与北京中科中碳新能源技术院代表正式签署战略合作协议，参加论坛的中国科学院、中国工程院、中国科学院大学、中国国家能源局专家及来自苏格兰、英国、德国等多国的能源科技机构代表共同见证了签约仪式。

（3）2023年6月：承办东北振兴生态环境高峰论坛——大气环境与污染防治分论坛

2023年6月19日，东北振兴生态环境高峰论坛在哈尔滨市举办，共商东北地区生态环境高水平保护和经济高质量发展大计。

此次分论坛由哈尔滨产权交易所承办，在论坛上，哈尔滨市生态环境局赵学温副局长进行主旨发言，生态环境部环境与经济政策研究中心综合研究部王力主任等人发表主题演讲，旨在推进东北各城市间生态环境保护领域的深度交流、合作共赢，助力东北全面振兴。

（4）2023年7月：打造全国首届“零碳”啤酒节

本届啤酒节分三步实现“零碳”：一是进行啤酒节碳排放类目的规划以及活动温室气体排放量的核算；二是委托国家认证的第三方审定机构进行排放量认证；三是通过经核证的玉林村碳汇进行碳抵消。

在哈尔滨新区的大力支持及哈尔滨碳普惠平台的协调下，玉林村对本次啤酒节所需的碳汇量进行了公益性捐赠，通过碳抵消的方式使本届啤酒节基本实现了碳中和。

哈尔滨碳普惠平台董事长栗楠为哈尔滨冰雪大世界颁发了碳中和证书及碳中和啤酒节牌匾。

（5）2023年7月：与国内头部机构共同签署“碳排放权交易行业规范自律宣言”

2023年7月20日，为全面贯彻党的二十大精神，深入贯彻习近平生态文明思想，进一步完善碳排放权交易市场制度，哈尔滨碳普惠平台受邀参加生态环境部环境规划院与中国节能协会联合召开的第五届中国碳交易市场发展论坛，并与21家单位共同签署了“碳排放权交易行业规范自律宣言”。

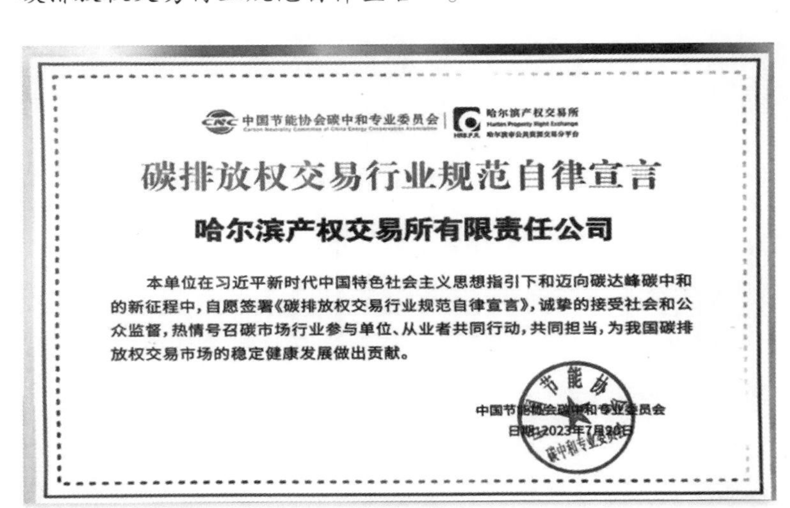

中国节能协会碳中和专业委员会 | 哈尔滨产权交易所

碳排放权交易行业规范自律宣言

哈尔滨产权交易所有限责任公司

本单位在习近平新时代中国特色社会主义思想指引下和迈向碳达峰碳中和的新征程中，自愿签署《碳排放权交易行业规范自律宣言》，诚挚的接受社会和公众监督，热情号召碳市场行业参与单位、从业者共同行动，共同担当，为我国碳排放权交易市场的稳定健康发展做出贡献。

中国节能协会碳中和专业委员会

日期：2023年7月20日

为充分发挥中国碳排放权交易市场对温室气体减排的引导作用，推动碳排放权交易行业健康发展，哈尔滨碳普惠平台与国内知名头部机构共同倡议并承诺：将遵守相关法律法规和政策规定，保证交易行为和服务行为合法合规、公平公正，并积极参与行业自律组织和规范制定，共同推动行业健康发展和规范运营。

（6）2023 年 10 月 19 日：获批承建哈尔滨市碳普惠平台

哈尔滨市生态环境局、哈尔滨市发展和改革委员会、哈尔滨市公共资源交易中心联合印发的《哈尔滨市碳普惠体系建设工作方案》指出：依托哈尔滨产权交易所建立哈尔滨市碳普惠试点平台，开展市场化运营和服务，打造基于企业、个人绿色行为的数字化激励模式，建立绿色生活激励体系，形成以商业激励、政策鼓励和核证减排量交易相结合的正向引导机制。

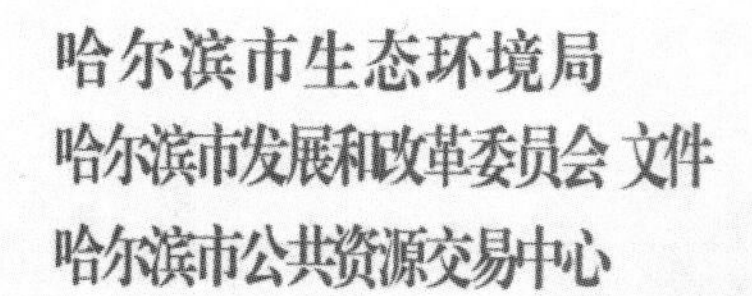
哈尔滨市生态环境局
哈尔滨市发展和改革委员会 文件
哈尔滨市公共资源交易中心

哈环发〔2023〕12号

关于印发《哈尔滨市碳普惠体系建设工作方案》的通知

各有关单位：

现将《哈尔滨市碳普惠体系建设工作方案》印发给你们，请结合实际抓好贯彻落实。

哈尔滨市生态环境局　　哈尔滨市发展和改革委员会

哈尔滨市公共资源交易中心
2023年10月19日

哈尔滨市碳普惠体系建设工作方案

为深入贯彻落实习近平生态文明思想，加快推动“绿色龙江”“生态振兴”建设，深入落实《哈尔滨市碳达峰实施方案》，引导践行绿色生活方式，着力构建科学完善、全民参与的“碳惠冰城”体系，形成惠企利民、共建共享、协同参与低碳发展的良好局面，营造建设美丽生态宜居城市的良好氛围，建立可复制、可推广的持续健康运营机制，结合哈尔滨实际情况，特制定本方案。

一、指导思想

以习近平新时代中国特色社会主义思想为指导，全面贯彻党的二十大精神，深入践行习近平生态文明思想，贯彻落实党中央、国务院和省委省政府、市委市政府关于碳达峰碳中和的重大决策部署，紧扣绿色低碳高质量发展主题，践行绿色低碳发展新理念，坚持“政府引导、市场运作、社会参与”原则，推动我市建立完善碳普惠管理运营体系、技术服务体系、项目场景体系、价值转化体系和试点示范体系，引导形成绿色低碳的生产生活方式，组织动员全社会共建“美丽冰城”。

二、工作目标

以习近平生态文明思想为指引，推进哈尔滨市碳普惠体系建设，依托哈尔滨市公共资源交易分平台（哈尔滨产权交易所）；建立哈尔滨市碳普惠试点平台，开展市场化管理运营和服务，打

—3—

（7）2023 年 11 月：发起成立哈尔滨绿色经济人才培养联盟

2023年11月1日下午，由哈尔滨学院主办，哈尔滨金融学院、黑龙江科技大学、黑龙江财经学院、上海环境能源交易所、哈尔滨产权交易所、重庆知翰合众科技有限公司共同发起的哈尔滨绿色经济人才培养联盟成立大会在哈尔滨学院举行，大会邀请了哈尔滨市金融服务局副局长邵伟及哈尔滨市生态环境局生态环境监测与科技处处长李锦时等有关领导进行现场指导。

哈尔滨绿色经济人才培养联盟的成立是各成员单位加强绿色低碳教育、推动专业转型升级的重要举措，是校政企三方深化产教融合协同育人、推动师资交流与资源共享的积极探索，是建设“绿色龙江”、推进“生态振兴”的非常之策，对黑龙

江、哈尔滨如期实现碳达峰目标起到积极的作用。哈尔滨学院牵头成立绿色经济人才培养联盟，既是学校经管类专业特色化发展的需要，也能为省市生态文明建设提供必要的智力支持和人才支撑。通过这个创新型合作平台，各成员单位必将建立更加稳定密切的战略合作关系，为黑龙江、哈尔滨的现代化建设作出更大贡献。

碳市场能力建设是我国未来企业转型、深化生态文明建设的重要助推器，以产教融合的方式使双碳业务走进高校，是未来人才培养的战略性举措。哈尔滨绿色经济人才培养联盟的成立，能够充分发挥校企双方在绿色经济人才培养方面的资源优势，为哈尔滨绿色经济高质量发展提供人才支持。哈尔滨产权交易所未来将同有关单位一起，发挥哈尔滨绿色经济人才培养联盟与哈尔滨产权交易所的双线优势，联合申报国家级、省市级科技项目，共同进行科研项目开发、技术攻关、学术交流，开展产学研一体化合作，为哈尔滨地方经济发展培养更多优质的双碳型人才，大力促进碳市场能力建设。

（8）2023 年 12 月：策划伊春市“碳中和”银行项目

在中国人民银行黑龙江省分行、中国人民银行伊春市分行、伊春市金融服务局、哈尔滨碳普惠平台的共同推动下，哈尔滨碳普惠平台为中国工商银行股份有限公司伊春林海支行，中国农业发展银行伊春市分行、铁力市支行、嘉荫县支行创建了“碳中和网点”。

12月12日，伊春市2023年“碳中和”银行创建总结会议暨“碳中和”银行授牌仪式在黑龙江省伊春市举行。本次授牌仪式由中国人民银行黑龙江省分行主办，由哈尔滨产权交易所提供全面的规划落实方案，并向有关单位授予“碳中和试点”银行牌匾。未来，哈尔滨碳普惠平台将持续为伊春市金融机构的“碳中和”提供专业服务，助力伊春走好绿色生态之路。

（9）2023年11月：荣获第三届碳中和博鳌大会“碳中和领域优秀服务机构”大奖

哈尔滨碳普惠平台受邀参加由中国节能协会与中国质量认证中心联合主办的2023第三届碳中和博鳌大会，并且凭借在碳中和领域的成果，荣获全国“碳中和领域优秀服务机构”称号。该奖项是中国节能协会在国家科学技术奖励工作办公室登记核准并备案的权威奖项，用于表彰在碳中和领域作出突出贡献的企业。

（10）2023年12月：省级课题获批立项，打造研究型复合交易平台

为深入贯彻落实党中央、国务院及省市有关决策部署，切实推进学科体系、学术观点、科研方法创新，哈尔滨产权交易所持续提升课题研究能力，全力推动优秀成果的应用和转化，并取得重大突破，先后获得2023年度黑龙江省生态环境保护科研项目及黑龙江省金融学会2023年度重点研究课题立项资格。

2023年度黑龙江省生态环境保护科研项目由省生态环境厅组织，旨在充分发挥科技在污染防治和生态文明建设中的引领作用，构建新时期服务型生态环境科技创新体系。经申报、形式审查、专家评议、厅长专题办公会、公示等程序，哈尔滨产权交易所“哈尔滨碳普惠平台（绿色出行板块）的研究与应用”获批立项。

黑龙江省金融学会2023年度重点研究课题系黑龙江省金融学会所设，旨在鼓励全省金融从业者坚持以习近平新时代中国特色社会主义思想为指导，落实新发展理念，积极为中央银行的决策建言献策，推动金融服务地方经济的发展。哈尔滨产权交易所“基于碳交易机制驱动下黑龙江省乡村振兴绿色低碳发展模式研究”项目在51项投标申请中脱颖而出，被评为26项中标课题之一。

哈尔滨产权交易所成功获批上述两个研究项目，充分展现了其在科研领域的实力和成果。下一步，哈尔滨产权交易所将继续坚持正确的政治方向、学术导向和价值取向，确保立项课题研究有序高效开展，着力推动具有现实指导意义和决策参考价值的成果产出，为高质量建设绿色龙江、绿色冰城作出积极贡献。

（11）2024年5月15日：发起“绿色低碳、美丽中国”义务植树活动，共同打造“碳惠冰城植树基地”

哈尔滨碳普惠平台持续、定期与企事业单位及社会公众合作，发挥社会力量，以自愿性和公益性为原则，扩大植树面积，增加基地数量，为建设新时代绿色中国贡献力量。

（12）2024年6月25日：碳惠冰城平台上线

“碳惠冰城，美丽中国”哈尔滨碳普惠平台上线启动仪式在全总（哈尔滨）劳模技能交流基地隆重举行，同时发布了碳惠冰城小程序，为冰城百姓提供了一个多场景绿色生活智慧平台。人民日报7月1日生态版以“哈尔滨碳普惠平台上线启动，倡导居民生活方式绿色转型”为题报道了“碳惠冰城”上线活动。

哈尔滨市、泸州市、日照市三地生态环境局针对本地碳普惠项目举行了“碳惠冰城”“绿芽积分”“碳惠日照”跨区域合作签约仪式。哈尔滨产权交易所与哈尔滨学院、黑龙江森工碳资产投资开发有限公司、哈尔滨市城市通智能卡有限责任公司、饿了么、美团骑行、北京桔行科技、光盘打卡、快电、黑龙江省交投特来电9家首批场景合作方签署了场景接入合作协议。

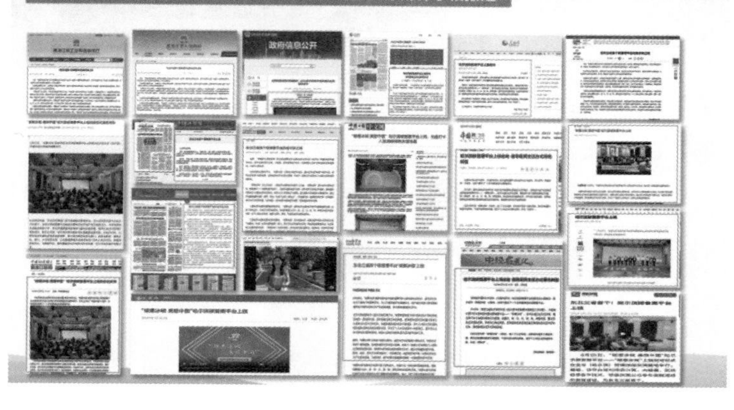

人民网 people.cn　　日报　周报　杂志

13 生态

首份纯电新能源机车碳足迹报告发布

第13版：生态

本版新闻

- 首份纯电新能源机车碳足迹报告发布（美丽中国）
- 新一批国家标准7月1日起实施
- 我国抽水蓄能累计投产规模突破5000万千瓦
- 最高检发布服务国家公园建设典型案例

人民日报图文数据库（1946-2024）

人民日报 2024年07月01日 星期一

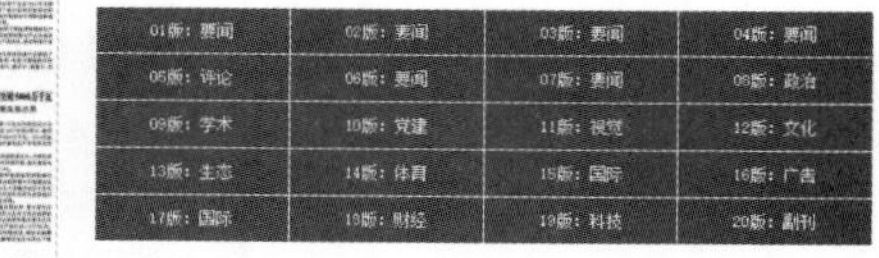

01版：要闻	02版：要闻	03版：要闻	04版：要闻
05版：评论	06版：要闻	07版：要闻	08版：政治
09版：学术	10版：党建	11版：视觉	12版：文化
13版：生态	14版：体育	15版：国际	16版：广告
17版：国际	18版：财经	19版：科技	20版：副刊

返回目录　放大　缩小　全文复制　上一篇　下一篇

哈尔滨碳普惠平台上线启动

倡导居民生活方式绿色转型

《 人民日报 》（ 2024年07月01日　第 13 版）

本报哈尔滨6月30日电　（记者刘梦丹）哈尔滨碳普惠平台日前正式上线启动，同步发布“碳惠冰城”小程序，为用户提供了一个多场景绿色生活智慧平台。

2023年，黑龙江省哈尔滨市印发《哈尔滨市碳普惠体系建设工作方案》，并由哈尔滨产权交易所启动建设碳普惠平台——“碳惠冰城”。该平台通过全方位采集、量化用户多个维度的绿色行为数据，涵盖衣、食、住、行、游、购、娱等领域，建立绿色生活激励体系，并形成以商业激励、政策鼓励和核证减排量交易相结合的正向引导机制，倡导居民生活方式绿色转型。

已正式发布的“碳惠冰城”小程序，接入了公交地铁、共享单车等多个减排场景，其后台配置的数智化驾驶舱，可实时监控碳排放量，展示个人或企业的减排成果，形成“碳账本”。

（13）2024 年 5 月 9 日：组织编写《哈尔滨 2025 年第九届亚冬会低碳办赛报告》

哈尔滨产权交易所收到哈尔滨市生态环境局下发的《关于拟由哈尔滨产权交易所有限责任公司组织 2025 年第九届亚冬会绿色低碳办赛报告编制的请示》后，高度重视，由专人组织低碳办赛报告编制团队进行多次现场踏勘及数据研讨，深入了解本届亚冬会的绿色办赛理念，聚焦低碳管理措施和碳抵消机制，确保高标准提交低碳办赛报告。

（14）2024 年 7 月：与黑龙江省环境保护志愿者联合会达成碳普惠合作协议

2024 年 7 月，哈尔滨产权交易所与黑龙江省环境保护志愿者联合会达成合作协议，涵盖绿色低碳咨询报告与交易鉴证、绿色金融、宣传培训、环保公益活动等方面。通过此次合作，双方建立了全方位合作关系，将共同推动双碳工作创新发展。

双方联合发文邀请上市公司、重点排污企业通过碳惠冰城平台推动企业双碳工作，协助省内上市公司完善可持续发展报告、环境社会责任披露工作。同时共同组织了“绿色低碳进校园，共促冰城新发展”活动，以线上调查问卷与线下宣讲会、低碳实践相结合，陆续走进哈尔滨医科大学、黑龙江科技大学、黑龙江农垦职业学院等多所高校，向 2000 多名学生宣讲低碳知识，近千名学生通过参与活动获得“低碳实践证书”。学生们通过绿色低碳进校园活动，深刻领悟“低碳经济”就在我们身边，每个人的生活都与碳排放息息相关，绿色低碳生活已经成为一种时尚。

（15）2024 年 7 月：助力绿色啤酒节，低碳节能引领冰城新时尚

2024 年 7 月 6 日晚，第二十二届中国·哈尔滨国际啤酒节隆重启幕，哈尔滨产权交易所作为“绿色啤酒节”主题合作伙伴，花式炫“绿”，开启“双碳 + 文旅”深度融合新模式。2023 年成功打造全国首个“零碳”啤酒节后，哈尔滨产权交易所持续助力本届啤酒节，深度拓展“绿色低碳”主题，通过与哈尔滨碳普惠平台互动宣传，将绿色低碳理念植入冰城百姓心中。

"绿"占先机，入园首站开启主题宣传。进入园区第一站，"碳惠冰城，绿色啤酒节"的宣传展板和主题集装箱映入眼帘，工作人员向市民宣传四大绿色行动，展示碳惠冰城系列文创产品，并与市民互动游戏，市民朋友纷纷扫码注册，开启绿色生活。碳惠冰城平台可对出行、餐饮、回收等十大场景精准计算碳减排量，并向参与活动的市民发放绿色积分。

"绿"慧管理，餐前饮后节约理念付诸行动。哈尔滨碳普惠平台在园区 4 个啤酒大篷全面宣传"光盘打卡""分类回收"等理念，引导市民从日常行动入手，迈出"绿色生活"第一步。

“绿”广宣传，线上线下立体引爆“碳惠”热点。摩天轮上装点一新的碳惠冰城主题轿厢，将“绿色生活，从我做起”的理念融入环境。网红助阵也引发市民积极关注。微信公众号、抖音等线上宣传不断推陈出新，将“绿色”打造成本届啤酒节的亮点。

“绿”活文创，精准推动链式传播。碳惠冰城主题的帆布袋、抱枕、遮阳帽、徽章等热门文创产品一应俱全，可爱的“碳小滨”形象也赢得广大市民的喜爱，营造出浓厚的文化氛围，促使支持“绿色生活”的市民行动起来，一起加入宣传行列。

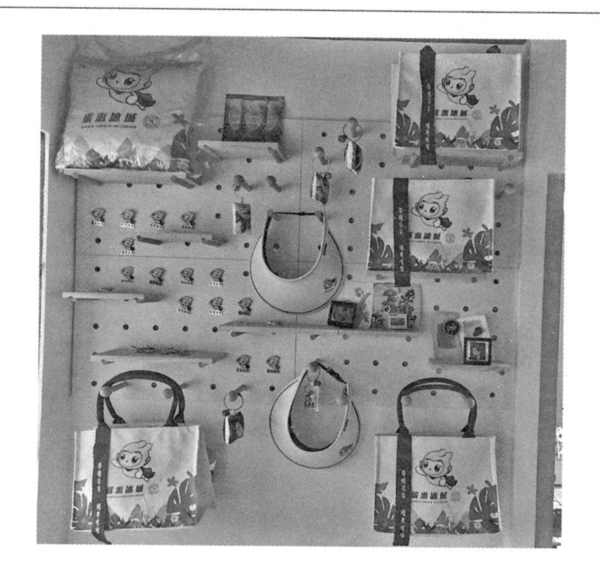

（16）2024年9月：哈尔滨碳普惠平台推出“绿色亚冬碳惠冰城”活动

2025年第九届亚洲冬季运动会组织委员会为“绿色亚冬碳惠冰城”活动颁发了“无偿使用2025年第九届亚冬会名称、会徽、吉祥物、口号”授权书。在2025年第九届亚冬会筹备工作决战决胜的关键时期，碳惠冰城小程序深度融合本届亚冬会绿色、智慧办赛理念，通过已接入的低碳场景，推出丰富多彩的碳普惠活动，精准量化公众低碳减排行为，促进冰城发展向绿色低碳化转型。小程序的整体风格为梦幻冰雪，同时推出亚冬会“冷”知识知多少——哈尔滨第九届亚冬会知识竞答活动，线上参与亚冬会知识竞答的市民会获得绿色积分奖励，累积的积分可以在碳惠商城兑换特色文创礼品。

碳惠冰城小程序通过对绿色出行、光盘打卡等低碳行为进行量化并奖励，引导哈尔滨市民形成“全民亚冬”的氛围，彰显哈尔滨全民筹备本届绿色亚冬会的热情。碳惠冰城小程序还将以赛兴旅，在旅游季鼓励广大市民合理出行，绿色出行，让路于客、让景于客，彰显城市“风度”，共筑哈尔滨文旅的“长虹之路”。

10 月 30 日，哈尔滨 2025 年第九届亚洲冬季运动会倒计时 100 天，执委会精心筹划了一场盛大的主题演出活动，彰显“音乐之城”和“奥运冠军之城”的独特魅力。执委会与哈尔滨碳普惠平台合作，多角度展示碳惠冰城微信小程序，在观众入口多点位陈设宣传展板，一方面将亚冬会倒计时 100 天标语与碳惠冰城紧密结合，进行主题宣传；另一方面重点推广碳惠冰城小程序的亚冬会版，号召大众积极参与知识竞答等线上活动，赢取绿色积分并兑换特色文创礼品。同时还派出宣传团队，为来自亚洲各国的运动员和游客提供绿色体验。

案例 04

武碳江湖 APP 与武汉碳普惠体系实践报告

——探索与完善碳普惠机制，共创碳普惠发展前沿区

一、背景与意义

随着全球气候变暖问题日益严峻，中国政府提出了“碳达峰”与“碳中和”的

“双碳”目标，旨在推动经济社会全面绿色转型。武汉市作为中部地区的重要城市，积极响应国家号召，通过构建碳普惠体系，推动市民形成绿色低碳的生产生活方式。武碳江湖APP作为武汉市碳普惠体系的重要组成部分，为市民提供了一个参与碳减排、记录碳足迹、获取碳激励的平台，是推动公众参与碳中和行动的重要工具。

二、武汉市碳普惠体系概述

武汉市碳普惠体系建设实施方案（2023～2025年）提出了总体目标，即到2025年建成结构完善、科学规范、特色突出的碳普惠制度体系。该体系将探索形成10个以上碳普惠方法学和碳减排场景评价规范，落地20家以上碳普惠技术服务机构，开发构建50个以上重点领域碳减排项目和场景，建立有效的激励及推广机制，打造国家气候投融资试点新支柱，助推武汉都市圈区域碳普惠一体化发展，争创国内一流碳普惠发展先行区。

三、武碳江湖APP的功能与特点

武碳江湖APP是武汉市生态环境局指导建设，武汉碳普惠管理有限公司、腾讯SSV联合出品的面向市民的低碳生活平台。该平台首批接入了五大场景——公交出行、地铁出行、骑行、自备购物袋和新能源车出行，每一种低碳生活方式都对应着一定的减排量。这些行为的减排量均通过武汉市生态环境局备案的方法学计算得出，并依托区块链技术实现在线实时签发。未来还将持续接入电力、燃气等不低于20个减排场景，让更多低碳生活方式可以获取减排量。

武碳江湖APP的创新之处在于打通了微信和支付宝两大国民应用程序的入口，用户可以根据自己的使用习惯在微信或支付宝中搜索小程序使用。这一举措极大地方便了用户参与和体验，提高了碳普惠机制的普及率和参与度。

四、执行情况与成效

武碳江湖APP自上线以来，已经取得了显著的成效。通过与滴滴、微信、支付宝等互联网平台联通，市民的低碳出行可以直接享受滴滴、地铁、绿色公交、充电平台的优惠。这一举措使低碳出行的兑现触手可及，极大地激励了市民的低碳行为。

此外，武碳江湖APP还与招商银行股份有限公司武汉分行联合推出了集银行账户、个人碳账户与交通账户于一体的“三户合一”低碳绿卡。市民使用此卡乘坐公交或地铁时，个人碳减排量可按比例转化为招碳值，用于兑换礼品，最终实现碳中和。这一创新尝试为减排量的多元化消纳提供了选择，有助于激发公众的低碳生活热情。

五、挑战与展望

尽管武碳江湖APP在推动武汉市碳普惠体系建设方面取得了一定的成效，但仍面临着一些挑战，例如，如何进一步扩大碳普惠机制的覆盖范围，提高公众的参与度和认知度；如何确保碳减排量核算的准确性和透明性；以及如何更好地将碳普惠机制与现有的碳市场和绿色金融体系相结合等。

展望未来，武碳江湖APP将继续致力于碳普惠体系的创新工作，为用户带来更加多元化的碳减排路径选择与体验。同时，武汉市也将继续探索和完善碳普惠机制，推动形成更加科学、高质量的碳普惠创新发展格局，共建一流的碳普惠发展先行区。

案例 05

滴滴碳普惠实践案例

——驱动行业绿色转型，共筑低碳出行未来

一、2024粤港澳大湾区花展

本次花展从源头上降低了碳排放，组委会积极倡导绿色出行，鼓励市民乘坐公共交通工具或骑行前往花展现场，以减少私家车带来的碳排放。为实现花展“碳中和”，滴滴青桔捐赠了相应数量的深圳碳普惠核证自愿减排量，用于抵消花展活动所产生的碳排放。这一举措不仅体现了企业的社会责任和环保意识，也为推动粤港澳大湾区碳中和工作树立了良好的榜样。

近年来，骑行运动在深圳逐渐升温，共享单车因便捷、环保、经济等优点迅速成为众多市民出行的首选。滴滴青桔数据显示，随着天气回暖，花展期间共享骑行订单量上涨近10%，其中工作日通勤骑行量增加6%。春日经济的持续升温带动了骑行量上涨，莲花山公园、笔架山公园、深圳中心公园等热门点位的周末骑行量月环比增长20%左右。

据了解，为推动行业“碳中和”发展，滴滴青桔率先发起“两轮产业链‘碳中和’行动倡议”，呼吁行业和上下游产业链合作伙伴共践“全链可持续”的管理模式，以实现行业的“碳达峰”和“碳中和”目标。这一倡议强调了通过全产业链协同和科技创新来推动实现“碳中和”目标的重要性。

滴滴青桔相关负责人表示，共享单车获得了高频使用率。借助互联网模式下的大数据挖掘和新技术优势，平台能够实现资源高效配置，用尽量少的资源提供更多的服务。未来，滴滴青桔将持续推动车辆的精细化运营，推动行业向着更加绿色、低碳的方向发展。

二、深圳六·五环境日宣传活动

6月5日上午，深圳市2024年六·五环境日宣传活动在福田CBD文化金融街区广电金融中心架空广场拉开了帷幕。此次活动以“全面推进美丽中国建设”为主题，市生态环境局发起了深圳都市圈首期生态游学，表彰了一批生态环保贡献突出的单位和个人，发布了两项碳普惠方法学，发起了大型活动“碳中和”倡议，宣读了《公民生态环境行为规范》，动员社会各界积极投身建设美丽中国。

深圳市人民政府副秘书长吴筠，深圳市生态环境局局长李水生、副局长张亚立，中国香港环境保护署高级环境保护主任何应光，东莞市生态环境局局长胡毅峰，惠州市生态环境局副局长陈建国，以及深圳市委宣传部（市文明办）、深圳市直属机关工作委员会、深圳市教育局、深圳市规划和自然资源局、深圳市文化广电旅游体育局、深圳市城市管理和综合执法局、共青团深圳市委员会、深圳市妇女联合会、福田区人民政府相关负责人和科研机构、环保组织、企业、志愿者、学生、教师、媒体代表等 100 余人参加了活动。活动现场发布了两项碳普惠方法学，深圳市大型活动组织方代表以及“碳中和”支撑单位共同发起了大型活动“碳中和”倡议。市生态环境局也以六·五环境日为契机，宣布本场宣传活动及全市 11 个区六·五环境日宣传活动产生的碳排放量，将全部由北京桔行科技有限公司（滴滴）捐赠的深圳市碳普惠核证减排量进行抵消。深圳市标准技术研究院提供全流程“碳中和”评价服务，将六·五环境日宣传活动打造成深圳市大型活动“碳中和”试点示范项目。

三、亮相 COP28，分享碳普惠合作项目

2023 年 11 月 30 日至 12 月 12 日，第二十八届联合国气候变化大会（COP28）在阿联酋迪拜举行，旨在敦促各国遵照巴黎协定开展减排行动，加强国际合作与凝

聚共识。滴滴网约车低碳出行战略负责人冯骅博士在COP28开幕当天的企业社会责任和低碳领导力论坛上进行了主旨演讲，分享了“以数字出行助力零碳交通”案例。

四、作为北京MaaS2.0工作方案的主要参与方，通过碳激励提升绿色出行体验

相较于MaaS1.0阶段，北京MaaS2.0工作方案突出了三个亮点：一是通过联通线上线下出行服务，进一步提升一体化出行体验；二是以碳激励为核心，拓展碳普惠活动；三是组建北京绿色出行一体化联盟，吸纳社会各方力量加入北京MaaS生态圈。

MaaS2.0将持续升级城内、城际一体化出行体验。在市内交通方面，进一步优化“轨道＋公交／步行／骑行”导航功能，精确提示轨道等公共交通工具的到站时刻，提高共享单车供给、停放区域引导信息精度，减少换乘和停车的等待时间；在城际出行方面，升级“航空／铁路＋城市公共交通／定制公交／出租（网约）车”服务，完善一键规划、接驳引导、一体化支付等功能，提供一体化出行导航服务，实现城际、城内绿色出行的美好体验。

五、滴滴MaaS助力城市绿色出行

滴滴围绕MaaS2.0绿色出行新场景，上线“网约车／共享单车＋轨道交通”一站式出行服务，使出行者能够体验“出行导航—接驳方式切换—费用支付”的全链条服务，节约整体出行时间，从而引导公众向更加经济、便捷、绿色的出行方式转换，同时叠加碳普惠激励，助力城市减排事业。

六、青桔共享电动车在北京亦庄试点运行，开一线城市先例

共享电动车与北京人民环保理念高度契合。相比于传统燃油车，电动车无尾气排放，减少了对空气的污染，有助于改善城市环境。选择共享电动车，不仅是为了自己出行方便，更是为了共同建设美好家园。

七、上海：滴滴青桔作为上海碳普惠场景方，助力城市绿色出行

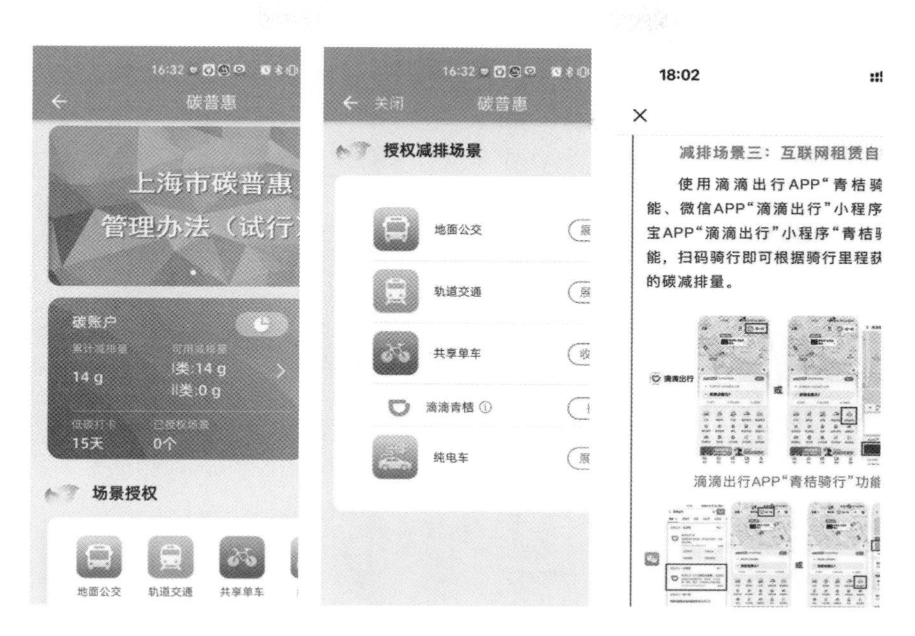

八、武汉：武碳江湖小程序与滴滴正式联通，市民低碳出行享优惠

2024年9月22日，在武汉市生态环境局的支持下，武碳江湖小程序与滴滴正式联通，市民低碳出行可以直接享受滴滴平台的优惠。

九、滴滴作为“碳普惠合作网络”一员，与山西绿色交易中心签署战略合作协议

十、哈尔滨：滴滴作为首批企业入驻碳惠冰城，数字化减碳场景覆盖绿色出行

碳惠冰城平台作为减碳抓手，将通过数字化技术实现线上线下融合、双线一体

化的运营模式。线上，用户可参与低碳知识问答、低碳视频观看等活动；线下则是线上运营的有效延伸。碳惠冰城平台也将经常性、多样化地开展各项活动，提升学生、居民等不同群体的参与感、联结度。并通过线上、线下活动，引导居民加入绿色生活圈，以行动推动生活方式绿色转型。同时，碳惠冰城已建立与先进地区碳普惠方法学互联互通机制，为跨区域合作及碳交易提供了基础。

十一、作为碳普惠城市合作联盟成员，共同推动地方碳普惠体系高质量建设

2024 年 7 月 20 日，“湖北碳市场开市 10 周年主题展览活动”在武汉举办。活动现场，为共建碳普惠城市合作与交流平台，主办方联合各界力量，正式发起成立“碳普惠城市合作联盟”，并联合发起“碳普惠城市合作倡议”。作为共享经济领先企业，滴滴凭借在绿色低碳领域的成功举措，受邀成为联盟成员。

碳普惠城市合作联盟首批成员名单

(按单位全称首字母顺序排序)

牵头单位 中碳登

成员单位 滴滴出行 转转 Ecoever CASVI MIOTECH

十二、滴滴在重庆碳惠通平台落地低碳出行场景

为推动绿色经济发展，碳惠通平台滴滴出行低碳场景于2022年7月20日在重庆南岸区正式上线。该场景由滴滴出行联合重庆征信公司打造，旨在聚焦绿色出行，促进“双碳”目标实现。绿色出行场景的打造对构建城市绿色出行系统、减少行业碳排放具有重要效益，有助于加快形成节约资源和保护环境的绿色发展模式。

十三、碳足迹评价与绿色供应链

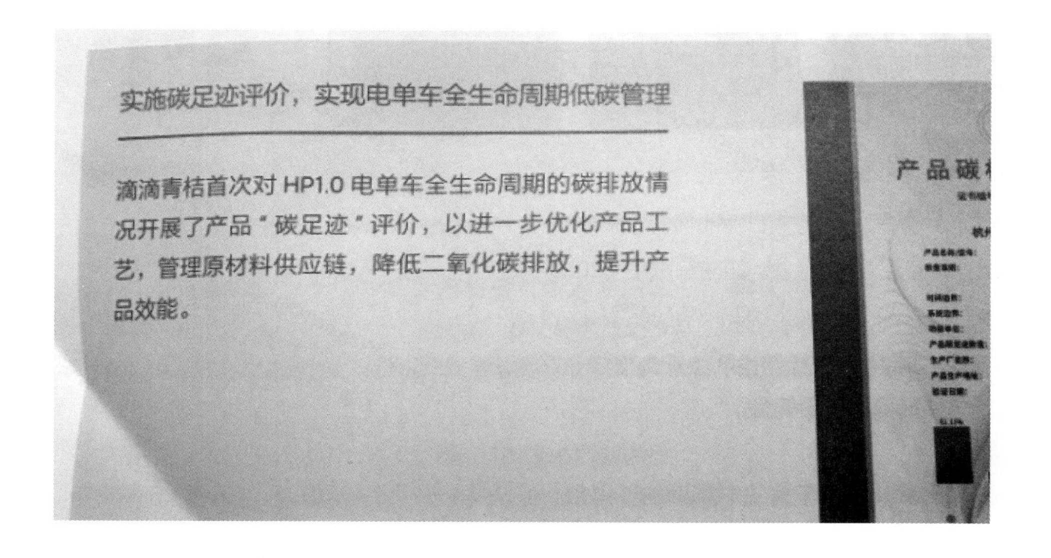

参考文献

[1] 林伯强 . 推行碳普惠机制 有效减少居民碳足迹 [N]. 第一财经日报，2024-07-16（A11）.

[2] 徐蔚冰 . 圆桌丨碳普惠：踏绿而行落地生花 [N]. 中国经济时报，2023-08-10（A04）.

[3] 郑新钰 . 多元碳普惠引领绿色生活新风尚 [N]. 中国城市报，2023-08-21（05）.

[4] 金文兵，万祎，魏英，李琳 . 什么是碳普惠？答案就是——你的绿色行为可以变成金色收益 [N]. 武汉晚报，2024-07-22（07）.

[5] 程国媛 . 我省碳普惠“三晋绿色生活”小程序暨个人碳账本正式上线 [N]. 山西日报，2022-09-25（01）.

[6] 托亚 . 新疆首个碳普惠平台上线 可积累碳积分兑换奖励 [N]. 新疆日报，2023-07-12（A02）.

[7] 周晓梦，孙秀英，邬乐雅 . 我省积极推广碳普惠机制 低碳行为可得积分换商品 [N]. 海南日报，2023-04-18（003）.

[8] 林文星 .“海南碳普惠”上线海易办平台 公众参加碳普惠可获碳积分兑换礼品 [N]. 海南特区报，2023-04-07（A08）.

[9] 肖睿平 . 实现节能降碳 以绿色铺就家电行业高质量发展底色 [N]. 消费日报，2024-05-29（A1）.

[10] 胡晓玲，崔莹 .IIGF 观点 | 碳普惠机制发展现状及完善建议 [J]. 可持续发展经济导刊，2023，4.

[11] 2023 碳普惠发展白皮书 .

[12] 中国碳普惠发展与实践案例研究报告 .

[13] 中国碳普惠发展与实践进展报告（2023）.

[14] 黄秀蓉，粟静宜 .（2023）. 基于碳普惠探索的减碳权益属性研究 . 南京工业大学学报（社会科学版）（05），90-103+118.

[15] 黄莹，郭洪旭，谢鹏程，廖翠萍，赵黛青 .（017）. 碳普惠制下市民乘坐地铁出行减碳量核算方法研究——以广州为例 . 气候变化研究进展（03），284-291.

[16] 蒋惠琴，周天恬，杨欣怡，丁枫，邵鑫潇 .（2023）. 个人碳账户持续使用意愿的影响因素研究——基于我国五个城市调查结果的分析 . 城市问题（12），40-49.

[17] 景司琳，张波，臧元琨，孙新宇 .（2023）.“双碳”目标下我国碳普惠制的探索与实践 . 中国环境管理（05），35-42.

[18] 刘飞，周飞 .（2023）. 个人碳普惠：实践模式、理论溯源及政策思考 . 西南金融（04），46 –56.
[19] 刘国辉，陈芳 .（2022）. 碳普惠制国内外实践与探索 . 金融纵横（05），59–65.
[20] 刘航 .（2018）. 碳普惠制：理论分析、经验借鉴与框架设计 . 中国特色社会主义研究（05），86–94+112.
[21] 卢乐书，姚昕言 .（2022）. 碳普惠制理论与制度框架研究 . 金融监管研究（09），1–20 . 邱峰，邵成多 .（2023）. 个人碳账户的国内外探索实践 . 西南金融（03），41–55.
[22] 王中航，张敏思，苏畅，张昕 .（2023）. 我国碳普惠机制实践经验与发展建议 . 环境保护（04），55–59.
[23] 吴鹏 .（2023）. 区块链赋能碳普惠的路径选择与法律规制 . 金融与经济（12），44–52.
[24] 周彩南，魏莉红，王丽娟 .（2023）. 碳普惠与碳市场的融合发展 . 中国金融（18），101 . Fawcett，T.（2010）. Personal carbon trading: A policy ahead of its time.Energy policy，38（11），6868–6876.
[25] Van Der Cam，A.，Adant，I.，Van den Broeck，G.（2023）. The social acceptability of a personal carbon allowance: a discrete choice experiment in Belgium.Climate Policy，1–13.
[26] Zhao，X.，Bai，Y.，Ding，L.（2021）. Incentives for personal carbon account: An evolutionary game analysis on public–private–partnership reconstruction.Journal of Cleaner Production，282，125358.
[27] Li，R.，Fang，D.，Xu，J.（2024）. Does China's carbon inclusion policy promote household carbon emissions reduction Theoretical mechanisms and empirical evidence. Energy Economics，132，107462.
[28] Lei，X.，Chen，X.，Xu，L.，Qiu，R.，Zhang，B.（2024）. Carbon reduction effects of digital financial inclusion: Evidence from the county–scale in China. Journal of Cleaner Production，451，142098.
[29] Li，F.，Guo，Y.，Liu，B.（2024）. Impact of government subsidies and carbon inclusion mechanism on carbon emission reduction and consumption willingness in low–carbon supply chain. Journal of Cleaner Production，449，141783.
[30] Wei，Z.，Cheng，Z.，Wang，K.，Zhou，S.（2024）. Navigating the personal carbon inclusion scheme: An evolutionary game theory approach to low–carbon behaviors among socio–economic groups. Heliyon，10（18）.
[31] 中国碳普惠进展与企业实践 . 北京：清华大学能源环境研究所 .
[32] 中国碳市场建设成效与展望（2024）.
[33] 中国碳达峰碳中和政策与行动（2023）.